公主走进森林

森林

吕旭亚 著

的观点探索童话世界

U0623213

台海出版社

北京市版权局著作合同登记号：图字 01-2023-0779

Ⅰ 中文简体字版 © 2023 年，由台海出版社出版。

Ⅱ 本书由心灵工坊文化事业股份有限公司正式授权，同意经由 CA-LINK International LLC 代理正式授权。非经书面同意，不得以任何形式任意重制、转载。

图书在版编目（CIP）数据

公主走进黑森林 : 用荣格的观点探索童话世界 / 吕
旭亚著 . -- 北京 : 台海出版社 , 2023.4

ISBN 978-7-5168-3508-1

Ⅰ .①公… Ⅱ .①吕… Ⅲ .①心理学—通俗读物
Ⅳ . ① B84-49

中国版本图书馆 CIP 数据核字（2023）第 036773 号

公主走进黑森林：用荣格的观点探索童话世界

著　　者：吕旭亚

出 版 人：蔡　旭　　　　　　　　封面设计：仙　境
责任编辑：魏　敏

出版发行：台海出版社
地　　址：北京市东城区景山东街 20 号　邮政编码：100009
电　　话：010-64041652（发行，邮购）
传　　真：010-84045799（总编室）
网　　址：www.taimeng.org.cn/thcbs/default.htm
E - m a i l：thcbs@126.com

经　　销：全国各地新华书店
印　　刷：三河市嘉科万达彩色印刷有限公司
本书如有破损、缺页、装订错误，请与本社联系调换

开　　本：880 毫米 × 1230 毫米　　　1/32
字　　数：200 千字　　　　　　　　印　　张：8.375
版　　次：2023 年 4 月第 1 版　　　　印　　次：2023 年 4 月第 1 次印刷
书　　号：ISBN 978-7-5168-3508-1

定　　价：59.80 元

版权所有　　翻印必究

启程，踏上属于自己的英雄之旅

外在风景的迷离，内在视野的印记

回眸之间

童话与心理学迎面碰撞

一次自我与心灵的深层交锋

推荐序 **1**

转圈圈

陈文玲

广告系教授、×书院@创意实验室总导师

　　2016 年春天的傍晚，淡江大学城区部国际会议厅坐满了付学费听童话的成年人，旭亚说："没想到从瑞士回来的第一场讲座，就在我离开之前担任教师时的同一间教室里。"半小时后，她娓娓道出荣格取向古典学派童话分析的第一个（也是关键的）诀窍：故事开场，第一段话，就决定了精神世界接下来发展的方向。

　　我记得那晚空调忽冷忽热，我记得周遭人群安静专注，我记得我的笔记密密麻麻地夹杂几张小图，我记得离开的时候雨仍在下……然而，直到再度与旭亚的童话分析讲座相遇（这次遇见的是由讲座整理而来的书稿），我才明白，之于当时在现场的我以及此刻翻开这本书的你，那晚的意象及其象征，远远超过我们记得的与忘记的，因为，讲座开始，第一段话，就预告了旭亚的风格、童话分析的特征和人生无可回避的真相：出发转一圈，又回到原点。

如果听过旭亚上课，就知道她极为擅长转圈圈。"啊！这张图看过了！""这个故事上周讲过了！""这个概念不是解释过好几遍了吗？"面对这些想法和提问，她从不立刻同意，也不立刻反对，就只环绕着人物、场景、光线和温度讲来讲去，直到某个时刻，意识终于肯让位了，感受才浮现，直觉冒出来，情绪被触动。回头再看白雪公主的家庭图和睡美人的恋爱史，竟平白多出了许多细节与转折，与自己的记忆共振，又与他人的命运相连。这种违反智识、团团逼近而非直进的领悟与理解，是旭亚的风格，也是敲开荣格之门的环扣。

结构简单、形貌相似，童话好像也总是在转圈圈。开场淤积但结尾畅快，森林幽暗但尽头有光，后妈手边总有源源不绝的毒苹果但永远功亏一篑，然而旭亚都改弦易辙，又拥有把人人熟悉的故事讲成面目全非的天分，我还是被好奇引动，一次又一次跟着童话主角出发与返回。去年听讲的我，随着每个故事的开展与收合，慢慢练习如何辨认精神世界的问题，找到对应的答案，听旭亚讲《真假公主：牧鹅姑娘》，明白柔顺的公主非得拥有一个凶恶的侍女，才能成长；听旭亚讲《打开禁忌的房间：费切尔的

怪鸟》，学会跨越并不容易，除了勇气还需要方法，除了智慧还
需要行动力。今年重读书稿，尽管文字还是沿着同一条时间轴发
展故事线，内在浮现的意象却不尽相同，我发现进入童话（以及
触动内在与碰触原型）的路径，从一次一条线变成同时许多面，
读完七个童话，我看见自己同时身为荆棘与玫瑰、高塔与菜园、
玻璃与梯子、熊与小矮人的来回拉扯与抗拒。我的童话分析学习，
相隔一年半，又回到原点，精神世界的破洞变得更大，嫩芽由内
蜷曲露头，而真实世界的边界却柔软了，放下竟变得容易许多。

《荆棘开出玫瑰花：睡美人》《逃出高塔：莴苣姑娘》《走
进黑森林：美丽的瓦希丽萨》……一篇又一篇往下盘旋向内伸展
的童话分析，让我想起内观静坐的经历，当我们的心被安置在容
器里够深、够久、够松、够静，层层叠叠的智识云雾散尽，纤细的、
灵活的、洞察的智慧就会现身。之于我，旭亚的讲座就是这样一
件容器，所以当她提起要出书，我跟创意实验室的伙伴立刻主动
举手，希望为这本书做点什么。我负责捋顺一次文字，本以为这
项工作没什么了不起，但一打开旭亚寄来的稿件，就又头下脚上
掉进了"兔子洞"里。《熊王子来敲门：白雪与红玫瑰》是我处
理的第一个故事，接近完成时，我梦到一个被关在牢里、坐在地
上哭泣的小女孩，画面左下角是白色的马桶，而右上角有一方飘
浮的红布。我带着这个梦去找分析师，也用梦的意象作画跟写字，
在内在的红白里游荡嬉戏了好一阵子。整个春天，除了上课跟非

开不可的会，我日日浸泡在旭亚的文稿里，夜夜顺着文字与意象的河流，做了许多奇幻瑰丽的梦，这些意外同时也是意识之外的岔路，让改稿这个简单的工作变得耗神且费时，但是读了一辈子文案书、教了三十年创意课的我，第一次体会到书可以这样读，梦可以这样孵，创作可以这样起始，更让以为已经被电子商务、社交媒体、大数据与 AI 逼到无路可退的创造力教育，有了一个完全不涉及科技却充满了互动与智慧的可能。

跃跃欲动也好，被推着、被押着走也好，我们每个人都在走各自的英雄之路。年轻时，我想象的是一条笔直大道；过中年，发现是一条蛮荒险路，再闪过几个浪头，才理解多数时刻我们都在转圈圈——摔过之处，转一圈还会再摔，道别的人，转一圈又要遇见，然而这个原点还是之前的那个吗？我只知道，绕了几圈读这本书，终究还是要回到自己的路，如同旭亚去了瑞士又回到台北；我还知道，如果精神世界因为扩大与转化而产生质变，所投射出来的真实世界的风景也会变得不同。我跟着旭亚靠近荣格心理学，起初是为了解开人生之谜，想为内在莫名的暗沉找到一点火光。学到这里，不能说没见着火光，但拿到的宝物，反而是容忍人生如谜，接纳内在莫名的暗沉，以及任凭际遇带着自己继续转圈圈。

探访性灵深处的动人邀请

邓惠文

荣格分析师、精神科医师

相较于其他探触无意识的理论，集体无意识是荣格最独到的见解。由冯·法兰兹开展的童话分析，是古典荣格学派十分重视的、认识集体无意识的途径。"如果说梦是通往个人无意识的康庄大道，童话则是通往集体无意识的华丽之路"——此路的华丽，并非人人得见。意识窄缩的现代视野中，那里就是森林、河流、小动物以及可预期的人物关系。然而，正是这些"可预期"的形式与元素，得以跨越时间、地域与文化，传递着人类的共同秘密。口耳相传的童话，经过无数的淬炼，保留下来的是最简洁的原型表现。

现今人们在探索心灵奥秘的旅途上，比以往更容易迷失。"自我实现"蔚为风潮，但许多时候人们以为掌握了个人意义，其实是深陷于各种原型的表现中而不自觉。"做自己"的呼声如果无法搭配关于自我的真知，那么所坚持的可能是假的自我，所谓理直气壮地做自己，不过是让假的自我更顽固，被原型掳获得更为彻底。在自性化的历程中，认识原型及其对个人的影响，是不可忽略的。敏睿而感性的童话分析不只是显微镜下真实的心灵，也呈现了人性惯常使用的各种透镜与滤镜，加在真实之上可以如何幻化，要取下又是多么需要勇气。

本书对于经典童话的分析细腻而开放，不论读者是否熟悉荣格心理学，都能借此认识生命各种主题、角色、关系的原型。特别是女性的自我追寻，一方面要突破性别窠臼，另一方面要与女性的本质联结。许多现代女性仍然自信低落，许多又是为抗争而失去女性本质的力量，探索之路充满了考验，书中为女性成长的主题提供了珍贵的思考。本书意义的丰富与深度，象征延伸的无限空间，的确是一场华丽之旅。

荣格非常重视分析师的个人特质与涵养，苏黎世的训练至今都延续着传统，强调分析师要深刻浸润于文学、艺术、神话、宗教等人类历史所累积的资产，借由文明的共同遗产，才能对心灵无意识有更深的认识，超越个人的局限性。旭亚早就有各种心理学派的资深经历，之后投身荣格分析，她的讲述和风采每每让人惊艳。是丰厚的文学底蕴和艺术涵养，和她深刻的性灵体验，才能让一种心理思维的流动显得如此美妙、流畅、鼓舞而快慰。对于尚未开启或正在无意识旅途上的读者，旭亚说童话，就是往性灵更深处探访的动人邀请。

作者序

找回属于我们的心灵童话

　　阅读西方童话并不是我儿时生活的一部分，我的童年也没有父母在床边说故事的经历，真正发现童话的魔力是我学习荣格心理学之后的事。在苏黎世接受荣格分析训练时，我加入的第一个自主学习团体就是童话分析团体，由一位年长的女性分析师带领，她身型瘦小、眼神炯炯，像极了童话故事里的魔法师。课程在她狭小而老旧的分析室里进行，每次一个半小时共读一个童话，参与的同学各抒己见之后，就等着听老分析师的精彩解析。我总是像小孩子一样入神地听着故事，顺着故事的曲折情节把自己带到一个个出人意表的剧情高潮，然后再等待揭谜一样聆听充满深意的诠释。常常在走出老木屋之后，我要让自己在苏黎世街头漫步许久，反复品尝过程中深深被了解、被卷入的感觉。这样与童话亲近的经历，在我接受训练期间持续以各种不同的形式进行着，以团体讨论、书写、图画、演戏等方式发生。听同一个童话以不同的方式、不同的观点解析，那些故事里的剧情、人物、角色仿佛有了生命，进入我们的生活，成为梦的一部分，更逐步丰富了我们观看世界的方法，成为自己所拥有的象征物。瑞士的荣格分析师在训练结束前有一场著名的重头戏，就是六小时的童话分析大考，就像少林寺弟子下山前要通过十八铜人阵的考验，每个考生独自被关在小房间里，在六个小时内书写分析一个考官实时交付的童话。面对童话要说出的集体无意识信息，解读其中奥妙，端看我们与无意识心灵的关系；反之也可以说，童话身兼人类无意识信息的使者，作为荣格分析师的我们必须学习如何跟随它去靠近潜意识的世界。

　　本书试图响应我长时间关切的一个重要主题：现代女性心灵的发展。对于现代社会里，女性在发展自我，完成一个真实整合的人的过程中，所要面对的困难与挑战一直都是我的核心关怀。就像其他人文、社会学科、心理学理论的奠基者多为男性，可是喜欢与投入这门知识的学习者却大多是女性，不管是心理治疗专业或是寻求以心理学解决困境的人，清一色的阴盛阳衰，举世皆然。我们可以说心理学作为一个了解自己与世界的视角，有着与女性心灵先天的亲密性，而童话又是一个以女性、儿童为主要阅读群体的文类，用这样一个与女性心灵相通的角度来检视我们所面对的生活挑战、生命议题，对我来说极为契合。现代女性拥有比任何一个时代的女性更多的自由，有更多的机会可以成为一个完整的人，也因为如此，我们也面对着前所未有的挑战。我们没有太多的女性前辈可以模仿，因为我们所遇到的机会与挑战是空前的，我们的祖母、母亲尚未有机会全面进入学习、工作、事业这些曾是男性独有的领域，女性对自己身体、情感、婚姻、性的自主也不是过去的女性经历可以指引的，我们被赋予的机会与困难只有我们才能回应。

在众多的童话中，我挑选了七个大家熟悉的童话，它们都是以女性为主角的故事，触及的正是七种不同的女性心灵成长方向，七幅寻宝图。用熟悉的故事做分析文本当然是刻意的，因为熟悉的故事在每一个人心里都已有了一些自己既定的看法，及至今集体对此故事的观点。如果我们可以将这样古老、烂熟于心的故事拆解出不同的内涵，让我们对自身所处的当今世界有不同的感悟，那我们对自身的困难或许也将有更宽广的视野。

荣格认为人类心灵的发展动力是有意向性的，它发展的目的是要成为一个完整、独特又真实的自己。每一个人由于特定的生命历程，而有了属于自己独特的挑战去面对。在女性发展的历程里，与重要他人的关系是女性发展的决定因素，也在成人后成为内在的力量与阻力，其中最核心的有与母亲、父亲的关系，有自我过

分认同与抗拒认同父母的议题，以及延伸至女性内在阴性与阳性
能量的平衡议题。本书的七个故事展示了七种女性完成自己的方
法，《真假公主：牧鹅姑娘》是有关过分认同正向的母女关系的
女性心灵所需面对的发展议题；《熊王子来敲门：白雪与红玫瑰》
则是有关过分认同女性特质而压制了心灵的阳性面，故事展示了
女性的阿尼姆斯[1]的特质；《爬出玻璃山：老头伦克朗》是一个
过分认同父性价值的女性问题；《打开禁忌的房间：费切尔的怪鸟》
是描述女性面对来自男性及负向阿尼姆斯的黑暗面，以及女性所
需发展的智慧；《走进黑森林：美丽的瓦希丽萨》面对的是负向
母亲以及女性的黑暗智慧；而我们熟悉的《逃出高塔：莴苣姑娘》
与《荆棘开出玫瑰花：睡美人》提供给我们有关女性嫉妒、羡慕
的问题，与女性被压制的创造力及其反扑。

　　本书故事的分析来自许多荣格分析师对这些童话的诠释，并
以玛丽－路蕙丝·冯·法兰兹的观点最为重要，荣格分析看待梦、
童话与神话的诠释都是多义、开放的，每个人都可以有不同的重点
与角度，对待无意识的素材以开放式、没有对与错的态度分析是必
要的，我们只问自己，这样的解析是否满足我的心灵，是否替我们
开展了新的视野、对自己和问题的现象是否提供了不同的觉知，最
重要的是这样的诠释是否打动了自己。原型的故事拥有不停被演绎

―――――――――

〔1〕　阿尼姆斯：指女性心中的男性意象。

的可能性，所以可以跨越时间与文化，触碰不同的心灵，这些故事对我而言也有同样的特质，每一次的阅读总是可以再看到新的可能，被呈现出来的只是非常有限的诠释，我期待读者可以将这些观点视为一种演示，作为我们亲近人类原型心灵世界的一个开始。

值得一提的是，这本书是由一群出色的女性通力合作而成的作品。这本书的内容来自我 2016 年的系列演讲的内容，如果没有两位天使陈文玲与詹美涓的降临，这本书不可能完成，她们替我将内容再三删修、补充、整理，让它成为脉络清楚、可读的内容。陈文玲带领她的创意团队从文字整理到全书成型，给了这本书生命；詹美涓以她严谨的荣格理论素养协助我梳理女性心灵发展的道路和文字。另外，我们希望在这个成人读本的童话书里，放进对童话世界的想象图片，于是丰富的意象借由强大的平面艺术家王小苗和插画家杨筑珺的原创，使此书保有童话原有的精灵气息。团队中的羽柔、心灵工坊的妘嘉、心宜这一群年轻而颇具实力的女子们所组成的团队，一起经历了创意激荡的过程，和这群美丽聪明的女性工作，是一个极为惊喜的经历。虽然最终许多大胆的创新无法被纳入，许多精彩的图画无法置入，可是和这群女子一起，我享受了女性之间的投入、参与、创造、能力的展现。我们在巫婆、公主、皇后、恶婆婆的角色中穿梭，当然也不乏王子、老国王、小矮人不时地冒出，让我踏上了一个从无到有的女性心灵旅程，也见证了女性整合之路能量的美丽与巨大。

目录

第3章

逃出高塔：莴苣姑娘 —————————— 057

现代人的物质性成瘾就像童话故事里的妻子渴望莴苣一样，越不应该，就越渴望、越沉迷，只好偷一点过来，再偷一点过来。

第4章

打开禁忌的房间：费切尔的怪鸟 —————— 089

女性之所以忧郁，常常是来自内在的自我攻击，特别是阿尼姆斯对自己的攻击，以一种否定自己的形式出现，贬抑自我的成就。

第7章

熊王子来敲门：白雪与红玫瑰 —————— 175

一位走出外表的甜美，开始往内在探索，找回真实自我的女性，周围的人一定不舒服，因为"小矮人"跑出来了。"小矮人"开始计较，开始要求，开始抱怨，开始否定。

第8章

爬出玻璃山：老头伦克朗 —————————— 207

不小心滑一跤，整个世界都翻转了，原本往上走的，变成
摔进黑洞里，世界瞬间风云变色，内心感到孤独无助、无
处可去，这就是我们遇到意外疾病、重大损失、突发伤害
或者中年危机的感受。

第 1 章

荣格心理学的童话分析

现代人提起童话，多半认为它们是专属于孩童的读物，或是妈妈读给小孩听的床边故事，似乎难登大雅之堂。就连"童话"这个词汇也常作为带有贬义的形容词，像是童话般的爱情、童话里的生活……在这些句子里，童话就是幼稚、不真实与不切实际的同义词，但这也正意味着童话所反映的不是发生在意识层面，而是潜意识之内的历程。

童话通常短短的，顶多两三页，故事中人物的性格也不像文学作品里的角色那般复杂，许多童话的主人公是没有名字的，仅以他们的排行或地位称呼他们为三公主、小女儿、王子，或根据穿着就被叫作"小红帽""熊皮人"。故事情节也千篇一律，总是从"很久很久以前"开场，以"从此过着幸福快乐的日子"结尾，主角遇到的挑战总是三次，三位武士、三把斧头、三件任务……了无新意。然而，正因为童话简单、重复、古老并流传久远的特质，显示出一种无历史感、无地域限制的原始集体性，可以跨越文化而被喜爱。

本书以瑞士心理学家荣格所提出的心理学概念为内在坐标，

描述、比对、解构并反转七个有关女性的童话故事，以此探索女
性心灵发展的不同面向。

走进精灵、神话与梦的国度

童话的英文叫作 Fairy Tales，直译就是"精灵的故事"。精
灵的意象，是长着轻盈翅膀的小仙女，她们属于夜晚与森林，和
会说话的动物做朋友，飞过之处会留下闪闪金光，还拥有各种神
奇的魔法。人类心灵深处有着这样一座魔幻原始森林，每当我们
讲起童话故事，仿佛走进了精灵居住的世界，走进一个意识之外、
潜藏着无数可能的领域。在潜意识的国度，童话与梦比邻而居，
它们都以象征的方式、意象的语言传达意识之外的信息。深度心
理学为了理解人的心灵而探索梦的世界，用分析意象的方法，企
图从梦中找到进入个人潜意识的途径；荣格与其他分析心理学家
们发现，研读、分析、理解童话，可以为我们找到进入人类更深
层的集体无意识的方法，借此认识心灵运作的模式与历程，看见
人类心灵的基本图谱。

此外，荣格认为童话与神话都是集体无意识中最原始的结构。

神话受到起源地的影响，例如中国、印度与希腊的神话，明显映照出本地族群创造发展的文化与历史痕迹，而童话相对是自发的、天真的、没有计划的自然心灵产物，被特定文化历史沾染的痕迹较少。此外，与神话相比，童话精简短小许多，在文学里的位置如同阿米巴原虫之于生物界，以最简单的形式描述集体心灵类单细胞般的存在样貌，也就是所谓的原型。我们重返童话，所看重的正是这条简单、重复、古老与神秘的心灵之路，借此途径，开启一扇集体无意识的原型之门，在其中学习陌生的语言，认识用意象说话的象征世界，最后重拾自身创造象征的能力，以便与自己内在的无意识、那个"很久很久以前"的世界再度相遇。

与原型和情结相遇

荣格提出集体无意识的心理学理论，把我们对心灵的视野从自己可以觉察的"我"的位置里拉开，让我们仿佛置身巨大浩瀚的宇宙，回头看才明白，不仅地球如微尘，连太阳系也只是渺小的存在，而银河深处，还有许许多多像太阳系这样运行的星系。心灵银河涵容数不清的星系，荣格称它们为原型，人类有多少种现象，世间就有多少种原型，换言之，每种生命现象都是一种原型。荣格认为原型就是集体无意识的结构，深埋在各种心灵的活动中，意识很难直接捕捉，通常只能从行为、图像、艺术、宗教、梦或是神话与童话中窥得一斑。某些人在经历无意识的集体能量时，会感觉自己被某种力量灌注，以至于无比强大，它会让人有如神般的全能感，无所不能，甚至有种承接天谕、非做什么不可的自我膨胀。如果个人内在并没有足够强壮的心灵结构可以涵容，赋予原型能量适度的理解与判断，强大的原型有时会让个人陷入无自我、非理性的混乱与狂热里，这就像我们文化里描述被附身的状况，自我被原型虏获，成为非我的原型工具，陷入没有自我规范心灵能量的危险。尽管原型多到数不清，在荣格心理学中，主要常被讨论的原型图像有：自性（真我）、阿尼玛、阿尼姆斯、阴影、父亲、母亲、老者、孩子、国王、王后、魔法师等。每个人一生中可以真正经历或是认识到的原型只有几个。

荣格认为我们是通过个人的情结来体验发自心灵深处的原型。情结浮游在个人意识与潜意识之间，是心灵的另一种结构，其中聚存了我们个人生命的历史，这些个人的历史档案以不同的主题被归纳在一起，像是母亲情结就保存了我们生活中许多重要的母性人物和经历，大部分人的母亲情结是以自己的母亲作为情结的核心，围绕着的才是其他生命中出现过的母性人物。情结之中不只有个人与家庭记忆，更重要的是储存了相关的情感，它们会影响我们的情绪、行为与人际互动。每个情结的核心都有一幅原型图像，通过情结就成为我们觉察原型的一个路径，当原型浮升，显现出来的重要线索就是情结。当情结被引动时，我们会感觉情绪波动、不可自抑，身体充满各种各样的感受，愤怒、悲伤都变得无法控制。有位男性师长曾与我们分享他的个人经历：这位高大英俊的白人男性曾有无法发展稳定情感关系的困境，他总是被大块头、大胸脯、能干体力活的黑人女性所吸引，然后与她们产生一种拉扯冲突的激烈关系，在接受分析中，他意识到这与自己两三岁时相关的记忆，与照顾他的保姆有关。他的保姆很爱他，每天抱他、喂他、照顾他，当他不乖时，保姆会生气地用力打他的屁股。对他来说，保姆就是他早年最重要的女性，他总是被类似大母神原型的女性所吸引，也着迷于类似的互动方式，而形成他情感欲望的主调。当他通过分析回到一切的起始，尝试面对这个情结之后，类似的吸引仍然存在，但是力度却降低了，这个母亲情结不再像鬼魅般抓住他、驱动他，他变得比较自由，而他也找到了他心中的女神最原始的样貌：她们出现在人类最早的文明，两河流域的美索不达米亚文明遗迹里，泥塑的母亲神有着巨大的臀部和乳房。在他的情感里，不只有他两三岁的记忆，也有人类亘古的渴望。

荣格提到将情绪转化为意象，并挖掘出这些意象在个人历史中的遗迹，使我们从向外寻找生命无法安适的理由，转而聚焦于内在意象，是一种有强大效力的治疗方法。这个认识情结以及其背后原型的治疗方法，他亲身体验过，在自传中他说："只要我得以把各种情绪变成意象，也就是说找到隐藏在情绪之中的意象后，我就能再次平静、安心。倘若让这些意象继续藏在情绪背后，我可能已经被他们撕碎。……从我个人的实验结果，以及从治疗的角度来看，找到情绪背后的特定意象是极有帮助的。"

玛丽-路薏丝·冯·法兰兹

荣格童话分析主要是由玛丽-路薏丝·冯·法兰兹发展出来的。她出生于慕尼黑，在她18岁读高三那年，跟同学来到苏黎世城郊的波林根，见到了当时58岁，隐居塔楼却又极负盛名的心理学家荣格。这次见面改变了她的一生。

在大学里，冯·法兰兹主修古典哲学、古希腊文与拉丁文，没钱但想被分析的她，以自己所学协助荣格整理并翻译古老的炼金术书籍，用以交换被荣格分析。从大二开始，冯·法兰兹就跟随一群资深学者与治疗师一起上荣格讲授的分析心理学专题，从此再未离开这个探索心灵深度的学门。她后来也成为心理分析师，是荣格的重要助手、研究伙伴与传承者，她终身未婚，说她此生嫁给荣格心理学也不为过。晚年，她在荣格退隐的波林根山坡上有一块自己的地，也如师父荣格一样，盖了一座塔楼，石屋里没水没电，寒冬里得靠自己砍柴烧火，她死后埋葬之处距离荣格的坟地只有几百米。

冯·法兰兹的教导遵循荣格的风格与方式，特别看重集体无意识这个区块，要求分析师在养成过程中亲近文学、艺术、神话、宗教这些人类历史所累积的资产，并于其中深刻浸润，才能完整认识个人潜意识与心灵的结构。这样的分析取向，与后来临床治疗取向颇为不同，因而被称为荣格心理学的"古典学派"。冯·法兰兹是古典学派最重要的精神导师，她认为唯有靠近艺术、宗教这些来自人类意识底层的创造，我们才能接触到自己生命被推动的原型力量，这是自我整合工作里极其重要的路径。

终生追随大师足迹，但冯·法兰兹的思想并没有完全被荣格压制或淹没，她最大的成就就是开创了童话的心理分析。荣格兴趣广泛、著作等身，可是一生之中却只写下一个童话故事的完整分析，他更看重神话和炼金术的研究。冯·法兰兹则花了许多精力深入研究童话，她认为阅读与解析童话，是极为适合学习集体无意识的入门课。她写在代表作《解读童话：遇见心灵深处的智慧与秘密》里的开场白迄今仍是童话分析的经典定义："童话是集体无意识心灵历程中最纯粹且精简的表现方式，因此在无意识的科学验证工作中，童话的价值远超过其他的素材；童话以最简要、最坦诚开放且最简练的形式代表原型。在此一纯粹的形式中，原型意象提供给我们最佳的线索，以了解集体心灵所经历的历程。"

童话分析的结构

一、结构

分析童话，第一要务就是分析结构。

童话故事通常从某个困境开始，之后出现解决问题的方法，接下来是解决问题的过程，过程中必然有跨越，跨越代表进入不同的世界，然后有遭遇，遭遇带来搏斗，最后的胜利则带出结尾的欢庆。童话分析也是如此，首先，故事的开场就是人类共同面临的某种困境以及某种原型的呈现；其次，童话的主角代表了人类在这个困境中一种面对与处理的态度，童话的情节则是以图像与意象来呈现精神世界一连串的转折。我们的工作是解码，拆解这些图像和意象，尝试了解隐藏在它们背后的心理语言与象征意义。

拆解的立意与利益是双向的。一方面，我们学会原来可以这样阅读童话；另一方面，童话的图像、意象以及它们所象征的意义可以反映并丰富我们所在的现实世界。在一个纯然物质与理性的世界里，象征很难存活，苹果就是苹果、五块钱就是五块钱，而不是它们所代表的象征意义。然而，象征是重要的，好比有人给你五块钱，除了这枚硬币的物质性，一定还代表了其他意义，例如对你的关注。当一个男人被女友追问："我跟你妈妈同时掉进河里，你到底要救谁？"这个问题非答不可，可是答案不在问题里，而在问题外。这是一个有关爱情的原型问题，它触及爱情与死亡，展现出爱情原型的绝对性与独占性，所以不管是发问者或被问的人都必须以象征响应。靠近童话、分析童话，会让我们熟悉图像与意象之中象征的意义，这些美的、丑的、可爱的、可怕的心灵意象将重新回到我们的现代生活，事物不再只有一对一的、物质性的僵化对应，而可以为平凡日子增加深度与厚度，增添些许曲折、美感、惊喜、弹性与了悟。

二、步骤

冯·法兰兹用荣格的观点发展出童话分析的三个步骤，一旦熟练，也可以用来解析梦境。第一个步骤是分析故事脉络，第二个步骤是扩大与比较，第三个步骤是把象征语言转换成心理语言。

步骤一：分析故事脉络

无论童话、神话或者梦的分析，工作方法都是从文学领域借来的，要厘清脉络、理解内涵，可用以下四个步骤逐一检视。

第一步，故事的名字是什么？故事的名字很重要，比方说，《灰姑娘》是我们熟知的中文意译，原本的故事名字叫作 *Cinderella*，这个词在英文里指的是"未被认可的特质"，以 *Cinderella* 为故事命名，一定有其道理。接着要问的是，故事发生的时间、地点，是早晨的森林，傍晚的城堡，春日的田野，还是冬日的花园？确认了开始情境，就比较容易辨认原型。

第二步，主角是谁？其他角色有谁？总共几个人？以及谁该出现却没有出现？《白雪公主》有很多版本，其中一个从下雪之日开始说故事，话说怀孕的皇后正坐在窗边缝衣，一个不小心，手被针刺伤，一滴血落在雪地上，于是她说："我希望我的女儿皮肤像雪那样白，嘴唇像血那样红。"孩子出生后，皇后就把她叫作白雪公主。首先，这个版本由妈妈与女儿开场，这个设定明显少了爸爸，所以"爸爸的缺席"可能就是问题所在与故事走向。其次，我们也可以从主角的性别来辨认特定的童话故事想要处理的心理问题，判断它是一个阳性还是阴性的能量受阻和发展的故事。《格林童话》有三百多则，每个故事都可以从不同的角色切入，然后据此找到不同的答案。好莱坞的编剧非常聪明，早就知道换个主角就可以重现一部经典童话，例如迪士尼在 1959 年推出《睡美人》动画电影，隔了半个世纪，把主人公换成坏女巫，发行了颇受欢迎的《黑魔女：沉睡魔咒》。拿到一个童话故事之后，我们必须确定主角是谁，因为之后的分析会紧紧跟随着这个决定。

第三步，故事怎么发展？挑战是什么？如何解决？关键在哪里？有哪些重要和重复的意象？《灰姑娘》是一个发展内在女性能量的故事，作为主角的灰姑娘代表了心灵结构的自我，被迫启程寻找完整的自己，在过程中与自我情结、阴影、阿尼玛和阿尼姆斯相遇，走到故事结尾，代表精神世界已从匮乏走到完整、从欠缺走到圆满。童话的结构通常不复杂，方便我们捕捉重要和重复的意象，并理解它们所代表的象征意义。马、天鹅、渡鸦这些动物，金苹果、红武士、黑头发这些有颜色的事物，森林、塔楼、磨坊这些场景，经常重复出现在不同的童话里，当意象重复出现，意味着它们所代表的集体的象征意义很重要。相近文化对于象征可能有类似的理解，但有些理解可能无法跨越文化的疆界，进行童话分析时，这件事也需要被纳入考虑。

第四步，冯·法兰兹极重视文化赋予数字的内涵，因为数字不仅代表数量，也携带了质量。在我们的文化里，八有"发"的丰富内涵，六则有"顺"的象征，在西方传统里，1、3、4、12这些数字，也各自有其象征的意思，例如"4"就是一个神圣的数字，代表了"完整"，所以对重复出现的数字，我们也要注意它可能的信息。

步骤二：扩大与比较

扩大法是通过搜集大量平行对应的素材来扩展解读的范围。类似的故事是否也出现在其他的地区或文化中？类似的情节是否也出现在其他的童话里？打开故事与故事之间的大门，开始彼此联结，就是扩大。我们不只寻找不同文化的相似故事，确认集体心灵的共享特质，如果可以再进一步比较类似故事的差异，则会带出对于象征更丰富的理解。比方说，童话里经常出现一间不准任何人进入的房间，一旦下禁令不让故事主角进入，就注定了这位主角一定会进入这个房间。每当我们找到通则，我们就找到了原型，然而，之于每一个人，这间禁止进入的房间究竟代表什么？我们非得走进去、非发现不可的又是什么呢？这些问题，也值得一再深入探究。

把童话中的场景、故事内容、人物抽取出来，进行"联想"，这是童话分析的重要工作，也与梦的分析类似。这种"联想"与"扩大"的方法，可以协助个人理解自己的潜意识内容，我们将梦与幻想的意象借由联想法演绎、扩大，借此理解其中的心理信息，让我们对自己所处的生命景况有更丰富、宽广的看法。这里我们对人类心灵预设了一个假说，认为人的内在有一个核心真我（或作"自性"），它对每一个独特生命的发展有独特的意图，

而借由潜意识的意象和象征的语言与自我对话，它们的出现是有
目的性、有意义的。个人的梦如此，童话也是如此，它是集体无
意识与人类意识的对话，我们将故事的内容抽取出来，将意象扩
大、联想，这个动作看似拆散故事的整体，其实不然，因为我们
仍需再将它们放回故事的脉络，与情境相联系。在分析童话时，
运用扩大的方法，除了放进个人的联想，更需要带入原型的与集
体的意义。比如，有人梦到一颗金球，他可能联想起最近生活中
出现过类似的东西，或往回追索有关自己与这种金色球形对象的
经历，除了联想自身经历，我们可以再加上"扩大法"来理解金
球的内涵。金球在众多的宗教里是神或自性的象征，这个意象经
常出现在传说或神话里。金色的球越过了特定文化的门槛，出现
在各种不同的文化中，不管是像佛教这样高深严谨的宗教或是非
洲原始部落素朴的祭典里，金球都有重要的意义，原因是金色和
太阳有关，每个人抬起头，就会看见太阳发出的金光，就像一颗
金球，所以它是永恒的象征、生命的来源，代表生命跟宇宙的圆满，
代表了真我。这样的扩大，无关乎个人的生命经历，而是集体的
人类心灵。当富含集体意义的象征对象出现时，我们的梦境就不
再只是纯粹个人的心灵信息，有可能是承载原型之梦，也就是所
谓的大梦。

　　童话分析，就是把童话故事当作梦来分析，细看其中的每个
意象及其背后的象征，通过扩大与其他类似童话联结，通过与其

他类似童话对照和比较，就可以辨认人类共通的原型，走向集体无意识的繁复与丰富。

步骤三：象征语言转换成心理语言

第三个阶段，就是把象征转换为心理知识，把古老神秘的意象带入当代生活，让童话引出我们对于此刻内在的深刻理解，这是心理学与文学看待文本的不同之处，童话分析在此与文学分析分道扬镳。

荣格童话分析主张，随着时代不同，对于同一个故事的解释也会不同，如果故事无法响应当代社会的集体心灵，就无法活在我们心里，也就会自然消失无踪，所以，回看这些围绕我们身边仍耳熟能详的古老童话，其中必然存在当代人心灵能够对应的内涵。此刻正在阅读童话的你我，每个人读到的重点都不相同，意味着故事回应了我们各自内在的状态，我们一生总是会对某几个故事特别有感觉，因为它们可以把我们生命的主旋律传达出来，这就是童话可以作为心理治疗工具的主要原因。与此同时，我们还会不断创造对于这些老故事的新理解，如果可以把各自读到的拿出来讨论，故事就会从一个故事变成我的故事及我们的故事，能看见这些洞察与体悟如何响应自己的生命与共同的环境，如此一来，同一个故事就会继续被传述与延续，成为人类共同的文化资产。

童话故事里，继母都是坏的，教母才是好的。真实人生里也有好妈妈跟坏妈妈，甚至同一位妈妈既是好的又是坏的，怎么办呢？年幼的我们只好切割分裂，在心里把她分成好妈妈跟坏继母两个角色，如同童话那样。《白雪公主》处理的是那位小时候无微不至，但进入青春期开始严厉管教，这也不行那也不准的妈妈。爱我的妈妈是好妈妈，管我的妈妈是坏继母，所以这个故事可以读成青少年情感与欲望发展的寓言。白雪公主与坏皇后都是象征语言，许多初高中阶段的女孩就像白雪公主一样，困在被坏妈妈处处设限的青春期里。如果不离家、不对抗，就会被"按照我的安排就对了！我会好好照顾你！"所吞噬；如果不要被吞噬，就必须回头以坚决甚至残酷的方式处理掉那股意图吞噬自己的力量。童话里的坏继母通常拥有巫术，而且矢志要把女主角杀掉，所以为了保护新生的自我，一个年轻的女孩必须要对抗她。《白雪公主》里邪恶的皇后最后被打倒，换作心理语言，就是负向母亲情结被克服了，而童话故事的情节，则是展示了如何打败或克服负向母亲情结的过程。

我们所熟知的《白雪公主》已经被迪士尼美化，原著里处死坏继母的方式是很残忍的：公主跟王子结婚那天，邀请皇后来参加婚礼，舞会上，让皇后穿上烧红的铁鞋，让她跳舞直到死去为止。这种残忍是双向的，例如，在故事前半段，猎人奉命杀掉公主，带回她的心脏，皇后看见后，张口就把替代的猪心吃了下去。这可以解读为女性精神发展的艰难象征，旧的意识会想尽办法阻止新意识的产生，要成为真实的自己、发展新的精神层次，常要面对残酷的环境和一种非拼斗到你死我活不可的绝境。发展出新的意识是多么困难与珍贵，其中的斗争，常常要付出血淋淋的代价，公主与王子的幸福快乐，其实隐藏着许多残酷的过程和愿意面对以及断然分离的决心。这也就是我们将童话的象征语言转变成心理语言的过程，使故事与我们自身的经历相呼应。

常常练习把象征语言转换成心理语言，久而久之，也会获得把心理语言转换成象征语言的能力。当办公室新来一位顶头上司，每天进来都要确认每件事情、掌控每个人的行程，我们不可以比他聪明，开会时，得把我们的点子包装成他的想法、他的创意，否则就不被采纳，这样的老板像不像《白雪公主》里的那位皇后？我们像不像悲惨但美丽无与伦比的白雪公主？同事聚在一起吐苦水、论是非，像不像七个小矮人上工时喊着"吼嘿！吼嘿！"那般抒压与畅快？这样的联想，就是古老童话开始影响真实世界，我们的心理状态被象征表达了。这会让工作变得好玩，能量开始流动，下次开会，老板的头顶浮现皇冠、背后出现魔镜，怎么看他怎么有趣，这对我们的心理健康大有帮助。

一位女性来做心理咨询，因为她希望找回自己。她在一个偶然的机会中与青少年时期的朋友相遇，朋友对她的描述仿佛是另外一个人，她发现生命中有一段经历自己竟然完全没印象，也不知道从何时起她变成了与小时候截然不同的一个人，这些别人谈的有关她的往事让她震惊、茫然，她发现自己仿佛有段时间睡着了。当我听到她的叙说，心里出现了《睡美人》的童话，在我眼前的她突然醒来了，用茫然的眼睛看着四周熟悉又陌生的世界。我用扩大的方法跟她一起分析，把《睡美人》的象征变成了她的心理状态，我们一起探讨她如何以及为何进入睡眠。《睡美人》明显跟女性身体与情欲的发展有关，15 岁的小公主被纺锤刺一下而进入了沉睡，直到王子来救她……之于这位外在世界表现优异的女子，这个故事象征着什么呢？三十几年来，她的身体跟大脑运作无碍，但是精神世界却完全睡着了，一觉醒来，发现她的工作、关系、婚姻原来都与她无关，不是她想要的。

荣格对于人类心灵的贡献，就是让我们更加能够把象征的语言转换成心理的语言；而冯·法兰兹则是让我们把遥远的、他人的童话放进当下的、自己的内在，让我们与自己相遇。

童话故事就是原型故事

文学分析特别在意故事的开场，童话分析也是，只要把童话的第一句、第一段搞懂，核心的原型也差不多就现身了。《三根羽毛》

是一个国王选择继承人的故事，开头是这样一段文字："老国王有三个儿子，要把王位传给其中一个。为了公平起见，他走到王宫外面，用力对着三根羽毛一吹，三根羽毛各自飞向一个方向……"

国王与三个儿子，表示这是一个男性自我整合、自性化发展的故事；王位传承，表示旧的／惯用的观念要退位，新的／不同的意识要进场了。后面当然还有很多情节和挑战，但是开场的设定，决定了故事里所有象征如何与原型相联系，这个就是之前提过的，不是任意自由联想，而是紧紧追随这条开场的线。

我有位女性朋友分享了她对于"通俗"的重大发现，她是一个文化品位极好的艺术爱好者，尤其热爱古典音乐，在一次情感遭到重大打击时，她发现她珍爱的歌剧和交响乐无法安抚她的心痛，她只好去找"因为爱你爱到我心痛，但你却不懂"这类的流行歌曲，跟着唱时她会大声哭。她发现心痛至极时，反倒是简单的、反复的、老套的但依然流行的情歌可以安慰她，这个"简单的、反复的、老套的但从来依然流行的"动能，其实就是原型，这也就是所谓"陈腔滥调"一再出现，却仍吸引我们的原型力量。

童话故事就是原型故事：挑战总是三次，继母都是坏的，有事没事都要走进森林，这就是童话，这就是原型。好的文学作品，不能停留在原始与简单里，一定要放进很多情节，委婉曲折、高潮迭起，这是艺术家的责任；可是从心理学的观点来看，生命之中最重要的以及最基础的，不就是悲欢离合与生老病死吗？心理学家好奇，人类在经历悲欢离合、生老病死的时候，如何面对？又怎么处理？童话的无历史时间性与无文化空间性，正好成为我们一窥究竟的素材，童话分析就是这样立足最基本的心理结构之上，慢慢带领我们理解自身的复杂。

可爱的小女孩出门探望她的祖母，在路上碰到了大野狼。我们身边的小女生走出去，也一样容易遇到大野狼，只不过不是在森林里，而是在水泥丛林里。个人的复杂性与特殊性，是个别的人生际遇与共同的时代背景造成的，但要在共同的层次里找出原型，就要回到一个个不管现在讲、二十年后讲还是换种文化讲，仍然可以深刻触动心灵的简单童话。

孩童特别喜欢听童话，就是因为它简单刻板，不知道从哪里来，却被传来传去，既不怕重复，也不怕抄袭，如同二维空间般扁平，一旦当故事被讲出来，一个又一个跨越文化与时空的原型出现在眼前，我们可以立刻投射自己的经历、想象与理解于其中，创造出第三维度。至此，童话不再是他人的作品，而是一个立体的、跟自己有关的故事了。

冯·法兰兹特别强调童话是集体的议题而非个人的议题，所以坚持用原型的角度来理解童话。以被遗弃为例，如果从个人的角度来看，现代心理学的讲法就是当事人有一个创伤，据此解读童话，主人公的际遇就会被视作被遗弃以及被疗愈的过程。可是冯·法兰兹认为被遗弃其实是人类精神世界集体的遭遇，新的意识要产生非常不容易，通常来自被忽略、被打压、被牵制的深层无意识里，这其中隐含着被遗弃乃是必然。被称为救世主，代表人类精神层面新面貌的耶稣，选择在马槽而非寻常人家床上降生，就是以马槽来象征、强调这个必然被忽略、非常低下的初始位置。冯·法兰兹认为，被遗弃这件事之于改变与创新是必要且重要的，童话故事里小孩被丢掉，其实是在讲如何从无边无际、不被看见的无意识里冒出来一个翻天覆地的新意识，如果一切顺遂、未被遗弃，根本无法孕育希望与那个"冒"的力量。依照这个逻辑，不管外在生活如何富裕顺遂，每个生命都有其核心的苦痛，我们对于苦痛的理解，可以从个人童年被遗弃出发，视之为创伤与疗愈的起点；也可以从原型英雄之旅的观点，视之为生命创新的必要初始。

被象征与意象触动

童话最初是口传故事，是被说的，而不是被读的。听完一个童话，脑海里却没有图画，代表我们跟这个故事的关系不亲近，这个故事不会在我们的世界里逗留驻足。一边听故事，一边让脑袋里的图画浮现出来，这就是训练亲近象征、捕捉意象的方法。

设法让自己对故事里的一件事、一个人或物、某个段落产生感觉，与之产生一个关系，抓也行、创造也行，记得先别分析，也不急着理解，只要做到顺利地让画面、影像自己出现就好。

童话之所以适合用来做自我的内在工作，是因为可以通过意象以及其背后的象征触动我们内在的原型。每个人都听过灰姑娘的故事，但是抓住每个人的意象未必一样，有人注意玻璃鞋，有人注意南瓜车，有人注意可怕的继母跟姐妹……当我们被故事里的人物或情节启动了情感，因而产生了意象，因而触动了原型，产生一种互相融合的感觉，就是心灵被疗愈的起始点。跳过意象与象征，直接用理性思考来分析童话，或许符合头脑的期待，却没有办法让灵魂感到饱足。

比方说，同样是描述真我（自性），会以很多种形象出现在不同的童话里，金苹果、金球、美丽的公主……通通可以代表我们希望完成真我的象征，为什么在这个故事里是苹果不是金球？为什么在另一个故事里是金球不是公主？每个童话，不仅指出一个独特的心灵问题，也指向一个独特的真我面相，留在意象与象征里够久，才能细腻辨识这些意象与象征所对应的人类精神世界里某一个独特的切面。

意象的能力，就是潜意识的能力，但是因为它不是语文的能力、算术的能力或者用以考试升迁的能力，于是被视为无用的能力。当内在资源大量转往换取生活物资的面向，使用象征与意象以表达潜意识的能力不受重视，我们变得越来越不会运用意象来象征生活，导致对于周遭所有模糊的、不精准的、无关理性的容忍度越来越低，这就是近代人类文明发展独尊理性所付出的代价。

即便意识一意孤行，心灵的渴望仍然存在，于是魔幻与科幻题材大量出现在大众媒体、流行文化与电影小说里，然而，靠娱乐事业弥补心灵对于童话、神话的需要是不足的，既然心灵渴求再一次与象征及意象的世界联结，我们就要自觉地开始走向"那个世界"：遇到问题，于是启程；进入一座森林、掉进一个地洞或者误入一条通道，这是跨越；遇到会指路的猴子、穿鞋子的狐狸，鱼开口说话："给我水，让我活下去，我会报答你。"这是遭遇；碰到坏蛋、恶魔，接受挑战，完成任务，伸张正义，最后有一场庆典……走向"那个世界"，就是一趟标准的英雄之旅，无须读完厚厚的《魔戒》才能碰触原型、熟悉象征与意象，童话只用短短的篇幅就把故事说完了，这就是为什么冯·法兰兹致力于发展童话分析的原因。

找回被现代性所遗弃的东西

人类文明与科学发展迄今，过度依赖理性与逻辑的后果，是让我们失去与神秘的联结，无法容忍模糊，也欠缺幻想的能力。最近流行工业风或极简风咖啡馆，多数人走进去，会挑选一个干净明亮的角落坐下来，这样的空间，不管使用或者清扫，都会让我们感觉舒服，因为其中没有太多暗面，窗明几净这四个字，很适合用以理解当代意识之光，也是现代性最好的展现。然而，现代性也会让我们变得墨守成规，许多心理疾病正因为受困于准确、效率与精密，我们为了现代性所失去的，要以什么方法拿回来？

换个场景，走进古老的图书馆或博物馆，里面有豪华的家具、堆栈的雕花和种种繁复的装饰，虽然美，但我们的第一个念头也可能是"打扫起来很困难吧"。老房子好像总是充满了曲折的弯道、阴暗的角落、躲藏的空间，暗示着跟现代相比，那个年代的生活与神秘的、黑暗的、不可知的事物靠近得多。曾经，教堂的院子就是墓园，活人跟死人距离不远，日常里穿插许多仪式、节日与庆典，为生活增添一种模糊、神秘与想象，让生命不那么干涸。

童话最常见的结局就是，公主与王子结婚，举办盛大的婚礼，从此过着幸福快乐的日子。如果问年轻女性，你想在哪里结婚？

就算不是教徒，也很可能会回答："我想在教堂结婚。"而且，还不是普通教堂，要选一座有长廊、走道、圆顶与彩绘玻璃的天主教堂。现代人的想法跟三百年前的一模一样，结婚代表的是神圣的结合，是内在很深的渴望，与理性无关，所以就必须搭配某种对象，例如玫瑰；某种形式，例如拱门。

年轻男性经常不理解为什么两小时的婚礼要用这么多花、这么多照片，花费这么多精力与人力、物力，甚至为此在婚礼前夕大吵一架。如果把这些条件与仪式放回人类精神世界象征意义的脉络里，我们就会了解，生命中重要的时刻与阶段，譬如结婚，会直接表现出内在某些集体的意象，这些烦琐的细节承载了人类千百年来累积的信息，唯有这样做才能承接我们内在对于神圣亲密关系的渴望。

当我们成为现代人之后所失去的滋养，恰好是童话可以提供的。长大后我们很少听童话听到落泪，如果被触动而落泪，一定不是因为童话，而是因为在简单的故事里看见自己生命的真相——童话距离意识遥远，这正是我认为童话珍贵之所在。

当代说故事的技术较过往更加逼真写实，例如虚拟现实的运用，这当然是一种创新，但是跟童话分析想走的是两条不同的路，因为随着被设计的外在体验越来越丰富，我们内在或者心灵世界需要做的就越来越少，幻想、空想、奇想越来越难产生，也抑制了我们投射跟创造的空间。我们使用童话作为教育或者心灵工作的素材，就是要找回被现代性遗弃的想象、投射、创造的能力。

女性的自性化历程

　　女性的自性化历程，是女性依循着内在的召唤，进行一场自我追寻的历程，其中要面对各种社会、家庭、内在、外在的挑战，身心都会遭遇冲击，有如进行一个炼丹修行的过程，目的是要成为一个真实的人和完整的自己。然而这个过程并不容易，女性在成长的历程中，会吸纳家庭与社会所认可的文化价值，建构自我的样貌。试想，一位完全依照社会价值来发展的女性自我，会成为怎样的女人呢？她通常会有一个非常清晰的目标与方向，要成为一名"好的女性"，这样的人文化适应良好，知道自己该做什么、不该做什么，也容易发展出强壮的、稳定的自我。当不符合社会价值的想法或感受出现时，就将之收纳到意识的下层，成为阴影。例如在东方社会中，我们的文化总是对女性的温婉顺从给予极高的评价，相斥的性格就很容易成为女性的阴影，例如，笨手笨脚、蹦蹦跳跳、容易发怒、说话直白，当女性不符合社会的期待，就会遭到外在与自己对自己的批评："女人不应该这样。"

阴影的内容随着时间与生活的脉络而改变与累积，伴随着集体文化与个人经历而有所不同。在女性自性化的过程中，第一个课题就是面对自己的阴影，因为那是我们回避的心灵区块、内在世界的处女地，整合自己的第一步，就是要进入自己黑暗的禁区。接着才是第二个课题——发展自己的阳性能量阿尼姆斯。对于女性来说，由于拥有生理的女性结构，使得女性心理容易在意识上发展，阳性能量较易被压制成为潜意识的内容，而成为一个完整女性的过程，需要与自己的内在男性建立紧密的联结。

以下这个故事中的牧鹅姑娘从一位公主成为皇后的过程中，遭遇了种种困难，落难公主失去了母亲的保护，沦落为牧鹅女仆。这是一个女性如何摆脱与母亲共生与依赖的问题。

追寻生命完整的动力，经常始于一种特定的匮乏或困境，亦即生命自性化的历程，常是被一个需要解决的苦痛催逼出来的，而那个生命议题最终会推动她走上发展之路。这个故事中的公主代表着一种特定的女性心灵，因为过分依恋正向的母亲，使得分离和独立成为一个巨大的挑战。为了发展出独立而完整的自己并与完美的母亲分离，这样的女性必须经过怎样的痛苦、失落，才能走到最后的完满？

THE GOOSE-GIRL
牧鹅姑娘

　　很久很久以前，有一位年老的皇后，她的丈夫已经过世很多年。老皇后有一个非常美丽的女儿，从小就跟皇后两个人在皇宫里生活。女儿长大以后，将会被许配给一个在遥远王国的王子。

　　适婚的年龄到了，老皇后不管怎样的不舍，都要为最宝贝的女儿准备丰厚的嫁妆，让女儿能够好好地离开自己。皇后真的很爱很爱自己的女儿，所以准备了一切她能够想到的最好的东西，金银珠宝、金盘子、银盘子、金碗、银碗、一匹会说话的马，还有一位侍女。在出发的时候，皇后舍不得女儿，于是她拿了一把刀在女儿前面把手指头刺破，在白色的手帕上滴了三滴血。她把手帕交给女儿说："这是我给你的护身符，在路上你会很安全的。"

　　女儿很悲伤地和母亲道别，与侍女一起上路。公主骑在白马上，骑了一段路，公主觉得渴了，她对侍女说："去把我的金碗拿出来，帮我到河边装点水来给我喝。"侍女拒绝，说："你为什么不自己去？"公主只好自己下马来，到水边，蹲下来用手捧水来喝，然后继续上路。走着走着，因为天气很热，她又对侍女说："去把我的金碗拿出来，到水边装水给我喝。"侍女拒绝，于是她又只好自己到水边捧水来喝。这样一次又一次，每次她自己下马捧水喝的时候，就对自己说："我好可怜哦，我怎么会沦落到这样的地步。"每次当她这样说的时候，怀里手帕上的三滴血就会说："如果你妈妈知道你这样子，她一定心都碎了。"每次都是这样，可是又没办法，善良的人就是会被欺负啊。

公主变得越来越沮丧了，有一次，当她到河边喝水的时候，那条手帕就从她怀里掉下来了，公主都没有发现，但是远远的坐在马上的侍女看见了，她知道机会到了。于是她对公主说："现在我们来交换，换我说了算！"公主没有办法对抗这样的事情，于是她们换了马和衣服，侍女要公主对天发誓，这件事情不能跟任何活着的人说，否则她现在就要杀死公主。公主没有办法，只好答应侍女。

于是公主骑着破马，穿着侍女的衣服，而侍女骑着骏马，穿着公主漂亮的衣服，一路前进。终于，她们来到了皇宫大院，王子看到了公主，马上冲过去欢迎穿着美丽衣服的侍女，把她们带到了皇宫，假公主住进皇宫内院，真正的公主被送到后面的院子里去，因为她被当成了用人。这时候老国王看见真公主，觉得她漂亮得不得了，气质很好，他很惊讶，觉得她不像是一个侍女，就跑进内室去问新娘："与你一同来的，站在下面院子里的姑娘是什么人？"假公主不愿回答，只对老国王说："找点活给我的侍女做！"老国王想了想，皇宫里面没什么活可以让她做，那就让她和我们牧鹅的小男孩一起去牧鹅好了。

国王派了真公主去牧鹅。过了两天，假公主跟王子说："你要不要做一件事情让我开心？"王子说："当然好。"假公主说："你把那匹马杀了，因为它一直跟我捣蛋，让我很不开心。"于是马就被杀。公主听到以后哭得很伤心，因为这是妈妈送给她的一匹神马，可是她一点办法都没有。她只能去拜托屠夫，跟他说："拜托，把马的头砍下来以后，不要丢掉，可不可以钉在城门上，这样子我每天进出城门都还可以看到它。"因为收了贿赂，屠夫就答应了，把马头砍下来以后钉在了城门上。

日复一日，公主与小男孩一起牧鹅，每天天还没亮就赶着一群鹅，经过城门的时候，公主看着马头，就会悲痛地说："法拉达，法拉达，你就挂在这里啊！"然后那颗马头就回答说："哎呀，年轻的王妃啊，要是你母亲知道了，她会痛苦、会悲哀、会心碎。"他们赶着鹅群走出城去。当他们来到牧草地时，鹅在旁边吃草，公主就把绑住头发的头巾解开来，她波浪一般卷曲的头发就倾泻下来，她的头发都是纯银色的。小男孩从来没有看过这么漂亮的头发，便跑上前去想拔几根下来，但是她喊道："轻柔的风啊，听我说，吹走小男孩的帽子！让他去追赶自己的帽子！直到我银色的头发，都梳完盘卷整齐。"她的话声刚落，真的吹来了一阵风。这风真大，一下子把小男孩的帽子给吹走了。等他找到帽子回来时，公主已把头发梳完盘卷整齐，他再也拔不到她的头发了。他非常气恼，绷着脸始终不和她说话。二人就这样看着鹅群，一直到傍晚天黑才赶着它们回去。回去经过城门的时候，公主看着马头，还是会悲痛地说："法拉达，法拉达，你就挂在这里啊！"然后那颗马头就回答说："哎呀，年轻的王妃啊，要是你母亲知道了，她会痛苦、会悲哀、会心碎。"就这样一天两次，都会有这样的对话。

第二天同样的事情又发生了，小男孩又想拔公主的头发，于是风又吹，小男孩又去追帽子，等到他回来的时候公主的头发已经绑好了，就这样子，小男孩都碰不到公主漂亮的头发。于是，小男孩跑去跟老国王说："我不要跟她一起牧鹅了。"老国王问："为什么？"小男孩回答说："因为她整天什么事都不做，只是戏弄我。"国王要小男孩把一切经历都告诉他。小男孩把发生的所有事都告诉了国王，包括在放鹅的牧草地上他的帽子如何被吹走，他被迫丢下鹅群追帽子等。老国王要他第二天还是和往常一样和她一起去放鹅。当早晨来临时，国王躲在黑暗的城门后面，听到了她怎样对法拉达说话，法拉达如何回答她。接着他又跟踪到田野里，藏在牧草地旁边的树丛中，目睹这一切，于是老国王心里有了数。一切的一切，老国王都看在了眼里。看完之后，他悄悄地回王宫去了，他们俩都没有看到他。

到了晚上，牧鹅的公主回来了，老国王把她叫到一边，问她为什么这么做。但是，她满脸是泪地说："我不能说，不然我会死。"公主只是一直哭一直哭，但是不能讲出来。国王说："那好吧，你钻到厨房里面的大火炉里面，去把一切跟大火炉讲吧。"公主钻进火炉里头，把所有的一切都说了出来，所有的经历，所有她曾经拥有的一切都被侍女抢走了，现在她只是孤独悲伤的小女孩，说完以后她就出来了。老国王听到这一切，就对她说："原来你才是真正的公主！"老国王命令给她换上王室礼服，梳妆打扮之后，老国王惊奇地盯着她看了好一会儿，此时的她真是太美了。他连忙叫来自己的儿子，告诉他现在的妻子是一个假冒的新娘，她实际上只是一个侍女，而真正的新娘就站在他的旁边。王子看到真公主如此漂亮，当然很高兴，什么话也没有说，只是传令举行一场盛大的宴会，邀请所有王公大臣。新郎坐在上首，一边是假公主，一边是真公主。没有人认识真公主，连侍女也认不出来，因为公主是如此的美丽，如此的光艳照人。

当所有的宾客都到了，吃着喝着很高兴的时候，老国王向大家说道："我有一个故事……"便把公主的遭遇说了一遍。然后老国王问假公主，问她认为应该怎样处罚故事中的那位侍女。假公主说道："这个女人太坏了，最好的处理办法就是把她装进一个木桶里，用两匹白马拉着桶，在石板路的大街上一直跑一直跑，拖来拖去，一直到她在痛苦中死去。这是她应该接受的处罚！"老国王说："你已经替你自己决定了处罚的方法。"然后，就命人把侍女装进木桶里，用这样的方法处罚她。最后，年轻的国王和真正的公主结婚了，他们一起过上了幸福美满的生活，共同治理着国家，使人民安居乐业。

虎妈有犬女

故事最初的情景，只有老皇后和小公主，没有爸爸，没有国王。故事中提到国王很久以前就已经死了，产生了一个没有男性能量存在、女性能量过度的议题。女性的能量过于主导，是由母亲过于完美的照顾显现出来的，这个母亲极爱她的女儿，准备最多最好的嫁妆、护身符、会说话的马、侍女。母亲无微不至地照顾女儿，能帮女儿想的都想到了，能帮女儿做的都做了，这样的母亲无疑是个有问题的母亲。

故事的初始是如此完美的母女关系，故事的起因来自女儿要出嫁。婚姻代表着真我的召唤，生命渴求完整的体现。公主要嫁到离家遥远的地方，生命召唤她，她必须要启程，踏上从公主变成王妃、皇后的旅途；"成为皇后"这个目标是整个故事的推动力。

老皇后给了公主非常丰厚的嫁妆，还在一块白布上滴三滴血。刺破手指与在白布上滴血的情节，在许多童话中都出现过，在睡美人的故事里，公主碰到纺锤的尖端而陷入沉睡；白雪公主的故事中，王后的三滴血滴落在雪花上，白雪公主以此为名。

女性、血、刺破手指的意象，在这个故事中象征着母女的情结，一个无微不至的母亲和一个顺从依赖的女儿。彼此相爱的母女会出什么问题呢？问题当然会在母亲"过度照顾"的议题上。母亲完全的爱与关照的反面就是令人窒息的爱，无微不至的背后是对外在世界的不安与焦虑，是对孩子能力的不信任与贬抑。对女儿而言，来自母亲这样的信息会使自己缺乏产生自信的力量，内心脆弱、空洞。当女儿必须走进现实世界的时候，脆弱的心灵状态就被暴露出来，所以母亲才需要准备那么多的嫁妆和一切她能提供的保护工具。母亲觉得需要为女儿准备得越多，越突显了女儿面对外在世界的能力不足，这些母亲爱的礼物都说明了女儿的脆弱无能。

女儿若不出嫁一直待在家里，她内在的空洞与孱弱或许可以被遮掩起来，而母亲的保护与控制则不会面临挑战。在妈妈羽翼之下的女儿，可以延迟面对成长的痛苦，这就是我们一般称为好命、有福气的人，一辈子可以被母亲的爱哄着抱着。有些幸运的女孩，从出生开始一路被放在父母手掌心中宠着，如果女孩长得很美丽，遇到一个高大、富有、帅气的男人，他也把公主般的女孩捧回城堡一样的家里供着，女孩就可以永远不用成长，永远做家里的小公主。而这是众多女孩童话般的幻想，可是在童话故事《牧鹅姑娘》里，却告诉我们另一个真实：公主必须长大。公主总有一天会结婚，要离家经过一段旅程，成为王子的妻子和新的皇后，这意味着成为真正的女人，这个女人必须有能和另外一个男人发展出婚姻关系所需要的成熟。婚姻代表着一种成熟的个人状态，能够给予承诺，以及与另一个个体发展合作与创造的关系。童话故事里的结婚象征着阴阳的合体，在现实生活中，一个女性生命里有了召唤，未必是以婚姻为目标，而是需要踏上发展真实自我的旅程，去发展出自己阳性的内在特质，变成一个独立完整的人。

皇后老了

在童话里，国王是主流集体意识的代表，是秩序、规范与稳定的象征，拥有至高无上的权力，代表着是非对错，也就是集体意识中的阳性价值。皇后则代表着集体意识当中女性的主流价值，她是一个理想化的女性价值，也就是中国历史上对皇后的要求，要她做六宫表率、母仪天下，这和西方童话所象征的不谋而合。皇后或者第一夫人，作为一个典范，人们不在乎她的成长过程、不在乎她的个人特质，人们在乎的是她是否可以呈现出一种人格特质，可以投影集体意识的理想女性典范，以及其所散发出的母性特质。

在现代心理学里，相对于男性特质描述为：行动的、思考的、决断的、分辨的，母性特质或者阴性特质，我们常描述为：接纳的、情感的、有能力建立人与人的联结。这些阴性的表现跟呈现，最理想的状态就是以皇后作为象征。母性的原型大多以大地之母、女神的意象出现。这样的意象从无意识中浮现出来，进入意识的层次被角色化后，通常是一个位高权重的女性位置，古代会是皇后，现代或许是女总统，她代表女性特质发展到最高位置的一个象征。所以，皇后不只代表意识所崇尚的理想女性样貌，她也代表了女性的超越性价值，因为皇后也是女神和母亲神在地上的代表。

这个故事的最初就是：皇后老了。比起年轻有活力，老了代表原有丰沛的感情流动快要干枯，可能也已消耗得差不多了，需要一个新形式的情感、新形式的联结、新形式的涵容。所以当故事出现皇后老了，也就意味着这是一个有关女性意识老化的问题，皇后所代表的女性意识无法面对挑战做出更新，过度被既有的价值规范，深陷集体价值的泥潭中。所以老皇后就是代表着女性集体的意识已经到了需要改变与转化的时候。童话故事里"皇后老了"点出女性内涵必须改变，也就代表着，有一个新的女性象征要出现了，也就是新的皇后。

新的皇后是什么？这个故事里，成为新皇后的公主来自没有父亲的家庭，这个王国没有国王只有皇后，也可以当成"父亲缺席"的心灵原型，这是一个缺乏父亲、缺乏阳性存在的情况，使得母女非常紧密地联结，而成为女儿成长的挑战。老皇后送女儿去结婚的时候，为女儿准备了各式嫁妆、金银财宝和保护女儿的母性工具，但最后我们看到的新皇后，在经过所有的挑战后，变成与母亲很不一样的独立女性，独立自主的能力回到她身上。

公主原型

在童话故事中，公主是一个重要的角色，公主往往是故事的主角，故事情节围绕着公主发生，世界像是为了公主而转动。即便在现实世界中，公主也是一个非常活跃的象征，我们能频繁地看到它的出现。公主原型代表着尚未变成皇后的女性，像是花苞准备盛开，公主充满了女性发展的潜能。然而，只是潜能而已，还没有全面发展。在这个尚未完整、充满可能性的公主意象中，有一个重要的但负面的意义，就是被冯·法兰兹特别提出的重要象征"永恒少年、永恒少女"，她为此写了一本书，这个象征意味着永远的公主、少女，这种女性通常很天真、很可爱、很美丽，但同时也很肤浅、很空洞、很依赖、很脆弱，她不需要深度的思考，碰到困难的时候就只能可怜兮兮地寻求帮忙。所以，有些女性主义意识强大的人，在 20 世纪曾大力抨击迪士尼的童话电影，害怕年轻女性被"公主"意象迷惑，担心女儿被白雪公主的意象污染，长大后只等着白马王子到来的一天，也就是精神上一直留在永恒少女的位置上，不肯发展。母亲们的担忧其实是无解的，因为公主作为女性潜能的一种原型，充满了对未来可能性的想象，实在是一个让女性不管什么年纪，仍能有梦想的一种心理动能，因为她代表着一个对未来的盼望。

在《牧鹅姑娘》的故事里，当公主要一个人进入未知旅行，最初始的状态是脆弱且依赖的。母亲的保护并未因女儿离家而消失，它转化成母亲滴在手帕上的三滴血和一匹会讲话的马，如影随形地跟着女孩，再加上丰厚的嫁妆，即使离家，母亲的监督和保护，还是强而有力地伴随着女儿。

女孩生命发展的历程中，总是会升起一个渴望独立自主的动能，通常是以恋爱或婚姻作为改变的动力。在现代的社会里，爱情与结婚当然不是女性长大成人唯一的方法，有很多理由都会让女儿决定离家，例如求学、工作、职业发展等。只是女性是否意识到离家的原因里隐藏着内在的信息，不只是说得出来的理由，还有内心的渴望。每个人受到心灵的召唤，时间未必相同，有的人十八岁离家，也有人六十岁才产生离家的渴望。

心灵的少女从"尚未分化"到开始"分化"，在《牧鹅姑娘》中的婚约成了一个关键的召唤，公主是为了结婚才要离家踏上旅程的。婚约是来自一个王子的邀请："请你嫁给我。"代表着内在阳性力量的升起。在这个纯然女性的、阴性的王国，在妈妈安全的保护伞下，有一个阳性的婚约邀请出现了，女性内心那个阳性的、渴望独立自主的自我能够被允许发展了。婚配象征着自我完整的想象，这样一个对自己全面发展的梦想，从无明当中升起，引导这个女性开始走向未知。

金碗的象征

丰厚的嫁妆，代表着母亲的爱的延续，以心理意义来说，象征着女儿心里存在着的母亲情结。若是娶个公主回里，那会是件很惨的事，因为她的妈妈就一起被带来了，她无法脱离希望被照顾的期待，会让她没有办法进入平等的二人关系中，也无法承担起妻子的责任。所以，嫁妆在这里象征着母亲的爱，也是母亲情结对女儿心灵的控制。

公主的嫁妆中最醒目的就是母亲给的金碗。旅程的最初，公主想喝水，曾支使侍女拿金碗去盛水。黄金是昂贵的、珍贵的，是永恒的代表，所以一般结婚戒指都要金戒指就隐藏着这个精神象征；杯子是容器，也象征着女人的子宫，一个女性的器官，可以容纳、孕育生命。金碗将此二元素合在一起，就代表了永恒的爱、永恒的容纳。能够饮用这个金碗所盛装的液体，就代表女儿总是可以不断地从生命的泉源、母亲的生命之源得到滋养，像是继续活在母亲的子宫里。

在旅程中，公主不断地需要饮水。饮水，象征着这个女孩离开了妈妈、离开了滋养的地方，就变得很干枯。她想要重新得到大地之母的滋润，然而这个时候，她已经不能够如从前般轻易得到，她必须依靠自己的力量去寻水，找到滋润的来源。

故事中的侍女是个坏心眼的角色，是公主苦难的起点，但若不是侍女的出现，公主就不需要历经波折。但我们试想，如果公主说："你去给我拿水！"侍女马上应答："是！"然后照办。这样公主会很幸福，她不用付出任何努力，就会有水喝，她的生命可以永远处于被动，女性自我发展的历程将不会前进。于是，母亲的金碗在旅途的初始就需要被去除，侍女拒绝用这个金碗替公主盛水，公主只好自己下马，用双手当成一个碗，让自己有水喝。在这个时刻，公主尚未拥有属于自己的容器。有一天，当她成为皇后的时候，当女性成为母亲、蕴含母性能量的时候，就会创造出属于自己的生命的金碗。

羡慕与嫉妒

"到底哪一个是真公主？哪一个是假公主呢？"从公主与侍女一踏上旅途，就出现这个议题。侍女取代公主成为王子的妻子，这样真假难辨、身份替换的情节，也是童话故事常见的主题，例如《乞丐王子》，故事中的王子与乞丐男孩，两人互相羡慕着对方的生活，于是相约交换身份。

这样真假身份的主题，是一个固定而熟悉的主题，也就是表面为一，其实内在为二的状态，看似只存在一个人，其实是一显一隐、一好一坏的两个人。当故事中出现这样的主题，通常值得我们重视。荣格认为2是阴性数字，当两个或2的数字出现时，可以被理解为一体两面，光明面与阴暗面的意涵，代表着自我和阴影这两个人格的相对面向。阴影是不被接纳的心灵内容，难以面对的自我课题。例如公主是天真无知的，她完全不了解自己的潜意识，不了解自己内心黑暗的部分，她以为世界随着自己运转，她可以任意要求，由于对自己的黑暗意识全然无知，使她面临许多困境。在《牧鹅姑娘》里，侍女正是代表公主的阴影，那个隐藏的、不为人知的、黑暗的一面。公主面临着可能会被杀掉、被诅咒、被变形的危机，公主不了解自己阴暗的能量，就会在阴暗的能量出现的时候遭遇粗暴的对待。

探讨真假公主这个主题，让我们触碰到关于"嫉妒"的阴性议题。当我们谈论"嫉妒"时，总是想到女性满腹心机的样子，中文里"嫉妒"两字的部首都是女，清楚地表明中国人的祖先看到它的阴性心理动能属性。嫉妒是什么？故事中的侍女心里想着："你有的，我也想要。为什么是你过着好日子？为什么是你嫁给王子？为什么不是我呢？"心中无比嫉妒着公主，"我现在有机会了，我要把你踢下去，把机会抢过来。"

那个"我也想要"的动能，是我们个人发展过程当中必须要面对的。我们通常很难承认自己是嫉妒的，大部分肯承认这种心理的人，是把它当成爱情中的一种状态，"我很容易吃醋哦，你要小心"。很少有人会认真地说："我是很嫉妒的人，在我身边你要小心！"它绝大多数的时候是藏身在人格的阴影处，即使你很嫉妒，你也不知道它的存在，甚至别人指出来，你也会抗拒，因为嫉妒是一种黑暗的情感，难以跨越道德的监控，使得大部分的人无法在生活的层面上认识这个自己。

　　侍女想要把公主挤开、取代、杀害，正是这个故事里面所要展现的女性成长议题，这不是每个女性都会遭遇的，却是许多女性必须面对的问题：有关于自己无法克制地对于他人产生巨大的羡慕与嫉妒。许多童话故事里都讲述了关于嫉妒的议题，最有代表性的当然就是《白雪公主》中持有魔镜的皇后，她代表了所有女性对年龄、容貌的渴望与焦虑所产生的嫉妒。童话故事里毫不回避地描述这样的人物和事件，帮助我们认识它，让我们可以有言语和意象去描述和靠近它，让嫉妒成为一道容易下咽的苦菜。在日常生活中，我们是难以如此轻巧地描述我们的嫉妒："为什么是他，不是我！"生活中光面对他人这样嫉妒的酸楚，就令人难以招架了，更何况要直视这样嫉妒的自己。

公主的阴暗面

　　从童话的意象中，我们继续来揭开阴影的真实面貌。故事中的侍女，属于公主阴暗的面貌。那么公主的阴暗面是什么？我们可以说公主被母亲所宠溺，处于被动与接收的存在状态，公主积极主动的特质被分割出去，放置在侍女的身上。侍女（waiting woman）的"侍"（waiting）有等待的意思，代表她等着世界对她的召唤，她会立即采取行动积极地响应这个世界。

在现代的故事创作里面，为了要让故事角色栩栩如生，会将故事人物的人格多样性丰富地勾勒，重要的人物会有爱有恨、有冲突挣扎，这样才能贴近我们的生活。但这样多层面丰富的人物刻画手法，并不会出现在童话故事里。童话故事会把好与坏全部都切开，好人就是完全的好，所有的人都爱他们，他们是世界上最美的、最善良的、最无私的；坏就是全然的坏，他们就是完全的残忍、自私、愚蠢。这个故事里，侍女承载着公主所有的阴暗面，她既嫉妒又自恋，她包藏祸心，一有机会就把主子拉下马来。可是这个阴暗的侍女很积极主动，一拿到机会马上展开行动，攻击性极强，不像牧鹅公主只会服从他人的要求，完全没有反击能力。这样的主动与行动力尚未被公主认识到，是她阴暗里的特质，因为当母亲的权力太巨大、控制欲太强，孩子会产生一种没有权力的无能感，变得柔弱、无力对抗，因而展现出对权力的回避："我不要这个东西！你们爱你们去抢，我不要！"因为她完全不知道该如何驾驭力量。许多女性在职场上会闪躲权力，即便当机会来临，也只会选择躲开。

侍女要抢夺的是权力，她要成为新的皇后——理想的女性典范，所以侍女是野心勃勃的阴性原则。当母亲和女儿的关系太紧密的时候，母亲拥有权力，能够给予爱，而孩子在被爱的低下位置上，无法拥有权力，无法呼唤出有力量的自己，所以她的阴影就是对于权力的无比渴望，这样的渴望只能隐藏在内在世界。当一离开母亲的世界，这个侍女马上翻身上马，将那部分柔弱的自己驱赶出去。

渴望权力的侍女人格，在一离开妈妈的控制后，就能够出现。权力的阴影现身在很多初离家的孩子身上，那些孩子一离开家独自生活，立刻就变成另外一个样子，自己的另外一面在家庭外的世界大鸣大放。侍女开始压迫公主，要公主下马，逼她直接去接触土地。阴影，变成推动这个无助的女孩成长的动力，她不接受公主完全的无力，不再允许她用被动的形式响应世界，不允许她闪躲。

我们将公主跟侍女二者视为自我和阴影的关系，她们是一对相依相抗的精神姐妹，彼此相互控制又联结。公主代表意识层次的自我，她是个可爱又甜美的女性，有着很好的人际关系，能与人建立良好的联结，自我总是想去控制和隐藏自己嫉妒的部分；而侍女代表着被驱赶到潜意识层次，成为性格阴影中善妒与对权力的渴望，她想方设法要探出头来发展自己。甜美的公主内心有着这个暗黑的一面，只有在离开母亲的家之后，才开始面对这个心灵实相，但这也就是一个完整的人的真实样貌。

女儿的阴影是从哪里来的呢？我们可以视为从母亲传承而来

的。母亲对权力的掌控，变成了女儿阴影的一部分。故事中的侍女是皇后指派的，可以诠释为母亲的延伸，进入了公主的内在，于是公主和侍女合在一起。在旅途当中，一离开母亲进入旷野，两人的身份就翻转过来，阴影变成的侍女就变成要结婚的人，原本的公主变成了侍女，这个翻转的过程，是完成自性化的过程中必须经历的部分。这个阶段，粉红公主变得不如以往可爱了，她开始经历自己内在种种的黑暗不断冒现。

侍女翻身上了骏马，显现了一个重要的历程，权力变成了上位，代表联结的爱成了下位。荣格说："没有爱的地方，就会被权力占据。"当两者同时出现时，权力和爱是互相排斥的。正向的母女情结在此仍要面对隐藏的权力问题，要成长为独立的女人需要敢于面对母亲大权在握的权力挑战。

匹的奥秘

《牧鹅姑娘》这个故事有另外一个名字：《三滴血》，三滴血代表着母亲与女儿强烈的联结。在故事中，三滴血不断向公主提起："如果你的妈妈知道你现在这么可怜，你的妈妈一定心都碎了。"三滴血见证了女儿所受的苦难，然而它们也无法做什么，甚至到了后来也随溪水消失了。这三滴源自母亲的血液是母亲的象征，所以在女性的发展中，它们必须被丢掉，否则女儿就会一直在妈妈的保护下，发展不出独立的力量。

埃利希·诺伊曼在《大母神》一书中提到，女性特质与男性的不同，尤其是"血"的奥秘。他提到女性的转化都跟血有关，第一次的女性转化始于初潮，开始有月经代表女性有孕育生命的能力。初次性经历的落红，女性与男性的结合，甚至意味着成为一名妻子。接下来女性怀孕，子宫里孕育了下一代，胎儿在女性的身体里，吸取了母亲由血液转换成的养分。最后的阶段是泌乳，女性用由血转换而成的乳汁，养育着幼小的生命。血对于女性来说，有许多神秘且珍贵的内涵。其实不只是女性，男性也有借由歃血为盟而相融联结在一起的表现。三滴血的象征里，有着母亲对于女儿的不舍和持续的保护，也是生命转化过程必要的象征。当公主失去那块手帕的时候，就代表了放弃母亲对她的保护，也指出了在转化过程中，成长所需付出的代价。

梳美丽的头发

在故事当中，公主遇到了三个人：侍女、牧鹅男孩、老国王，可以视为女性在自我发展中需要整合的三个心灵面向，直至最后她变成了王妃。第一个阶段侍女是权力的阴影，想要拥有与掌控；第二个阶段来自牧鹅男孩。许多童话故事里面都会有身形矮小的人存在，例如侏儒、小矮人等。当我们一想到这些角色，心里总是不自觉地联想到，戴着小尖帽跑来跑去的小男人，这都可以视为尚未成长的男性特质、小生殖器的象征，一种尚未成熟的男性能量。公主和牧鹅男孩一起工作，是女性成长中与自己内在阳性相遇的开始。

牧鹅男孩代表着年轻女孩尚未成熟的男性能量，也代表着需要发展的独立自我，借着牧鹅工作展现出需要被培养、被训练。

男孩尝试着与女孩游戏，这样逗弄的态度如果不能突破，自我的整合之路将停留在游戏的层面。就像年轻女孩未经世事，遇到想和自己玩耍的男孩，难免情窦初开，容易陷入情感想象的粉红泡泡里。如果女孩没有通过这个挑战，持续地跟小男孩玩耍，就可能滞留在不成熟的自我发展阶段，沦为永远的牧鹅女孩，和牧鹅男孩在一起。这代表心灵停留在较低的本能层面，没办法提升，没有办法将内在的男性特质发展出较高的层次，无法自我进步，也无法成为王妃。

所以公主采取了非常重要的行动，她梳理了自己漂亮的头发，同时让小男孩知道："你不可以跟我玩，不可以拔我的头发！"头发是很多童话故事里的重要象征，头发从头上长出来，可视为头脑的延伸，代表着思想，很多的头发代表有许多的想法需要被整理。我们静坐的时候，总会体验到思绪源源不绝地冒出来，这些思绪就像是"三千烦恼丝"。公主梳理和编整一头长发就好像她与自己真实地接触。在这之前，公主可能从来没有为自己梳过头，因为她从来都不需要思考，但是现在她已经落入与鹅为伍的境地，她需要开始去面对自己、整理自己，思考自己所有的可能性。公主梳了头发，代表女性内在潜意识里的思绪被面对、修整，这是她和牧鹅男孩相处时一个重要的发展阶段。

智慧的长者

公主遇到的最后一个人是协助她走向整合的老国王。国王在故事的初始是不会现身的，在故事的后半部才出现。从一个纯粹阴性、没有阳性引导的世界中开始成长，走到最后，公主已经发展出自己的阳性能力。自我整合的最后一里路，需要借由这位智慧长者的辨识能力帮助完成。老国王是第一个看出公主独特气质的，他发出这样的信息："咦，这个女孩有她独特的地方，她是谁？"他有能力辨识与判断，也同时好奇事情是如何发生的，他会去观察，也会找到方法把事情的真相呈现出来。

这个主动的、好奇的、有行动力的阳性原则，就是公主发展的最后阶段，这个时候，国王代表的是成熟的阳性原则，是能够辨识真伪与做出判断的理性能力。在这个故事里，女性的发展走向完满，公主得到了幸福美满的生活。唯一没有发展的是王子，王子根本没看出来，就把假公主接到房间里，他没有办法分辨侍女与公主，当假公主要求他砍下马头，他也就顺从了。所以这个故事是公主的故事，而不是王子的故事，王子仍处在尚未发展的男性意识中。老国王所代表的真智慧，带领女性进入最后的发展阶段，从女性的心灵中，发展出一个有辨识能力的阳性原则，有智能、有决断能力。女性心灵全面的发展，在此才能将过程中不同的自我挑选、拣择，将一路上所经历的整合成为一个新的自己，完整地重现，就是老国王所代表的议题。

鹅的象征意义

　　《牧鹅姑娘》为什么牧的是鹅而不是其他更常见的动物？在西方文化中，鹅是阳性的动物象征，这跟鹅是十分有领域感的动物有关，它们警戒心、攻击性很强。有些鹅是会飞的，在北美欧洲大陆的天鹅和飞鹅，到了迁徙的季节，会很有目标地往一个方向飞，历经长途飞行，到温暖的南方，所以鹅象征着有目标、有方向的动物能量。鹅生活在水边和水上，所以被视为与母性能量很靠近。在希腊神话里，美与爱之神阿佛洛狄忒身边的动物是鹅，应该与鹅的长脖子有关，因为弯曲的长脖子是情欲与男性生殖器的象征。童话与神话里的金蛋几乎都是由鹅生的，这也是与鹅所代表的神圣情欲象征有关。

　　故事中的公主，必须下降到与情欲的能量为伍，她要牧养它们。反过来，这样的能量也能喂养公主，性的能量从她的潜意识升起来，让自己能够飞翔上去，也能够降落，作为一个带有情欲、成熟的女性，下一步才能往王妃之位迈进。鹅所携带的巨大的、能攻击也能镇守的、有方向性的能量，被接纳至公主的内在，她才能够成为王妃。

　　最后牧鹅姑娘成为王妃，那个女性的身体里面内在还是存有着牧鹅女孩，所有公主经历过的、失散的、没有发展的自我也被包容着、被牧养着。这个时候她才能够跟王子结合，成为一个新的王妃，一个新时代所呈现的女性的理想代表。

把门关起来

故事来到尾声，假公主被丢进一个木桶，由两匹白马拉着在大街上奔跑，直到她在痛苦中死去。最后这个可怕的处罚怎么会这么残忍呢？为什么不能原谅她呢？

从这个最后的处罚里可以看出来，这个假公主，也就是侍女，和前面的母亲有关，因为她被放进了桶里。桶是容器，非常带有母性的意象。侍女本来就是黑暗的阴影，她又重新被放到桶里，被放进黑暗里。公主已经把阴影变成了她所能意识并接纳的部分，完整了自己，完成了她的旅程。女性心灵经过了辛苦的历程，认识了嫉妒的黑暗面，而侍女就能够回到意识的底层，回到那个黑暗的世界去。这响应了为什么童话故事最后的处罚总是如此惨无人道，因为它们必须回到那个黑暗的世界，然后再把门关起来。

第3章
逃出高塔:
莴苣姑娘

从象征进入符号

荣格重视象征的图像，他认为象征是心理能量的表征，具有转化与重新导引本能的作用。同样是图像，象征与符号的区分来自它们在意识世界的位置，象征从潜意识中浮现，尚未全然被意识接纳吸收，仍处在意识与潜意识的中间地带，荣格称此为第三空间，而符号是已经完全意识化的象征，不再有模糊不清的、暧昧不明的无意识内容。比如交通标志是一个符号，告诉我们红灯亮了不可以走、绿灯亮了可以通行，符号所代表的意义清楚而明确，且通常是被规范的。有人戴着十字架，我们会说："啊！你是基督徒。"因为十字架是基督教的标志，就像我们认为佩戴佛珠的人是佛教徒，佛珠也是识别证，以符号标志了身份。符号当然是人为的，当某个意象所代表的意义经由共识被集体接受，例如国旗、交通标志，就意味着这个意象被意识认定了，它的内涵已经确立。所以可以被精确地、简捷地使用。荣格所定义的"象征"

相较于明确的符号，保留着较多尚未厘清的信息，仍然容许存在
歧义，也仍然能对它们做更多的想象，也就是象征的意义尚未被
穷尽。象征可以是还没有被完全意识化的符号。对于某人、某事、
某物，我们还有想不清、说不明的东西，而且会产生神秘性的、
情感的、与自己预设不完全相同的感受。或许也可以这么说，相
较于符号，象征还是变动着、活着的存在。

在心理工作中，分辨符号与象征是重要的，我们会寻找是什
么引发了个案莫名的情绪或情感，虽然此刻还搞不清楚原因，但
只要辨认出象征，就可以开始与其代表的意义和造成的影响慢慢
展开工作。

我有一位偏爱某个图案的个案，只要看见印有那个图案的衣
服，即使家人一再提醒她已经有很多件类似的了，她还是会不由
自主地买下来。她说，当她穿上印有这种图案的衣服就会觉得心
安，而且她也喜欢穿印有这种图案衣服的男性，男人穿了这样的
衣服就让她觉得此人稳定、可靠。某一次的分析中，她突然发现
了那种衣服图案的源头，她说："我知道了！"边讲边流泪，"我
记得小时候爸爸有一件这样的衣服，冬天的时候他常常穿着它。"
她想起小时候的自己和爱着爸爸的感觉。她是家中爸爸最疼爱的
孩子，在长大过程中他们的父女关系变得愈来愈紧张，因为爸爸
总是为她做决定，由于爸爸看得比她远、想得比她周全，让她即
使是抗争不断，最终还是选择顺从父亲的意见，久而久之，她认

定自己不够聪明，必须仰赖爸爸或其他威权男性替她做判断，如果她的意见与"父亲们"相左，她就会非常难受。她与父亲的冲突与依恋，在父亲老去后变得不再清晰，她的生活里不再需要父亲下指导棋，她也不必再对抗父亲的意见，而父女之间爱与安全的情感，转为一种隐匿的形式，躲藏在衣服的图案里，成为一个幼小的女孩对父亲的渴望。

我们相遇时，她居住在距离父亲很远的城市，然而父亲的形貌仍渗入她生命里的不同领域，她与男性主管相处得特别好，他们尤其欣赏她的乖巧、勤奋与顺从。当她终于看见父亲如何影响自己时，我们朝着女性独立的目标一起努力，共同经历了一段漫长而艰难的过程。在这个过程里，原先被包裹在衣服上那个特定图案的意义越来越清晰，于是这个图案的魔力开始下降。当案主发现，原来这个图案代表了童年与父亲相连的温暖与信赖，图案就渐渐回到图案本身，可以与这个情感联结脱钩，它的象征意义渐渐减少，而符号性则随之增加。对案主而言，经由这个厘清象征的过程，某种不明的、神秘的、不可理解的温暖和安心，慢慢地从潜意识移位，移动进入意识的层面，她逐渐发展出有意识的自我评估，如父亲般对待、支持与关爱自己。

从符号回到象征

荣格心理学称这个移位的历程为由象征进入符号。当象征进入符号以后，符号就是符号，符号还是有意义，但是失去了神秘性。许多人可能曾经在信仰的道路上经历过这个历程，好比年轻时走进教堂或佛堂，会感应到深深被触动的、神秘的启发，但随着每天跪拜、每天读经，越来越熟悉其要义与仪式，因为一次又一次的理解与实践，要义与仪式渐渐失去了神秘性，而我们也逐渐失去了那种深刻的感受，跪拜与读经还是有力量，但是已经转变为意识的力量，可以为我们所讨论、解释、辩证，或者用来教学等，继续在我们的生活中被实践。

象征之所以有魔力，是因为它在我们身后，我们看不清楚、看不懂，也就无法使它成为资源为我们所用。一旦象征的潜意识力量被看清楚以后，它就成为意识的内容，可以成为我们的历史。探索自我的这条路，可以视为持续地把数不清的象征变成符号的过程，我们努力做这件事，是因为希望了解自己、掌握自己，不被未知的、不了解的力量所控制。然而，象征是不可能穷尽的，在我们每天的睡梦中，潜意识还会不断地丢出新的象征。某些象征特别有力量，很容易被意识捕捉与记忆，以前面提到的个案为例，由于父亲在她的心目中十分巨大，她的潜意识便持续不断地产生新的与父亲有关的象征，如果她愿意不断地和这些象征搏斗，父亲的魔力就会减少，自己的发展会越来越强大。象征会不断地以不同形式从潜意识里冒出，可是一旦变成符号，它就不再属于潜意识，而成为意识的资源。

这一章，我们要谈莴苣姑娘（又称《长发公主》）的故事，提起《莴苣姑娘》，我们立刻想到被坏巫婆关在高塔里的长发女孩，大部分人都熟知这个故事，《莴苣姑娘》对我们来说似乎已经不是象征，比较像符号了。既然如此，何须再费神分析或诠释它呢？很多人把童话当作符号使用，好比迪士尼不但把《白雪公主》《灰姑娘》《睡美人》与《莴苣姑娘》拍成动画电影，还发展出许多外围商品，但商品化的图像多半已经失去了象征具备的神秘性，只剩下符号的意义。这样使用童话当然也可以为生活增添一些比喻，好比自嘲："我最近上班无精打采，好像睡美人哦！"或者"做家务真辛苦，我是灰姑娘！"但如果深究童话原型特质的内涵，我们仍可以发现它具有超越符号的恒久生命力，还是有能力带领我们进入个人与集体无意识的领域。

有些故事一代传一代，不同时代被赋予不同解读，还可以添加新的意义继续流传下去，这些就是具备原型特质的故事。如果一件作品，无论小说、绘画或戏剧，它的意义在当代就穷尽了，就会被留在历史档案里，无法跨越时间与空间形成的"界"，无法继续被叙说、被观看、被体验。面对可能被你我认为已经成为符号的《莴苣姑娘》，我们能不能在其中找到新的角度、看见新的事物？能不能跨越理所当然，等待新的象征升起，容许创造的、神秘的、不明的意义丰富这个故事，让故事一代传一代，继续活着？这个历程，就是从符号回到象征的历程。

　　符号已死，但象征还活着。一个故事讲着讲着，如果没有新的理解与体会，就会像嚼口香糖到后来变得没有味道了，虽然还是可以拿来说，但说故事的人提不起劲，听故事的人也觉得"啊，不就是这样嘛"，可以说这个故事的生命走到这里停滞了。文化也好，艺术也好，心灵发展也好，日常生活也好，我们希望它是持续流动的，通过学习与创造，跨越时间或地域的限制，在"老旧"里与新的可能、新的生机产生有活力的联结，用荣格学派的语言来说，就是重新与象征联结，重回象征性的生活。以日常为例，我们习惯每天上班上学，然后回家做饭睡觉，日复一日在轨道上运行的你我，其实满心期待在规律当中找到新意与乐趣。同样是做饭，在准备某顿晚餐的时候创造了之前与家人没有过的关联；同样是上班，某天在茶水间里体会到之前不了解的冲咖啡的手感——这就是产生象征意义，就是把象征的力量重新带回生活当中。

　　我们的祖先使用大量的仪式创造这种联结，譬如端午立蛋、中元超度；也通过行动传承这种联结，好比逢年过节，长辈带着孩子到庙里烧香拜佛，对奶奶来说，神明不可知，然而却是真实存在的，带着孙子孙女去跟神明说话，这里面有一种生命传承以及与永恒联结的目的存在，这个行为就是活着的。但在追求效率与实证的现代社会，许多传统仪式被我们视为不得不，也就失去了象征的力量，好比很多人越来越不喜欢过年，为了赶赴年夜饭被堵在路上几个小时，失去意义感的仪式成了费时费力的劳务与权威规矩，不再具备能量，不能创造新鲜的、活着的体会与感动。如果用我们对仪式的无感来测量现代生活，我们似乎需要重拾从符号回到象征的能力，做些努力以唤回灵性的、神秘的、活着的生活，一种象征性的生活。

RAPUNZEL
莴苣姑娘

从前有一对夫妻，结婚很久，一直想要孩子，可总得不到。最后，女人只好祈求上帝赐给她一个孩子。他们屋子后面是另外一户人家，高墙里面有一座美丽的花园，这位妻子从自家二楼的小窗户偷看，发现里面漂亮极了，四季长满奇花异草。大家都知道这座花园的主人是一位全世界法力最高强的女巫，人人都怕她，谁也不敢进去。

一天，妻子又站在窗口看向女巫的花园，看到一片漂亮的莴苣。莴苣绿油油的、水灵灵的，立刻勾起了她的食欲，好想尝尝它们的滋味。她一方面感觉到自己的渴望与日俱增，另一方面也知道这是女巫的莴苣，无论如何也不可能得到的。日复一日的内在冲突，让她变得憔悴、苍白、痛苦不堪，丈夫注意到妻子的改变，吓了一大跳，问她："亲爱的，你哪里不舒服呀？""啊，我好想吃女巫花园里的莴苣。"她回答，"要是吃不到，我就难受得要死掉了。"丈夫非常爱妻子，看见她这么难受，心里想："不如冒险去园子里弄些莴苣来给她吃，管它会发生什么事情！"

夜晚快要来临时，他偷偷爬过高墙，溜进了女巫的花园，拔起一把莴苣，飞快地跑回来交给妻子。她看到莴苣，高兴得不得了，马上清洗，做成沙拉，狼吞虎咽地吃了下去。这一夜，妻子心想："这莴苣的味道真好，跟我想象的一样美味。"到了第二天，想吃莴苣的欲望变成之前的三倍，已经吃过是不够的，她变得更想要莴苣了。于是她对丈夫说："你还是愿意为了我去拿莴苣吧？"为了满足妻子，丈夫只好再次在夜晚快要来临时翻墙过去。然而，才刚落地，就吓了一大跳，因为女巫站在他的前面，眼睛瞪得大大的，对他说："好大的胆子，竟然敢跑进我的花园，还偷采我的莴苣，像个小偷一样！"又说，"你必须为此付出代价！"

"请可怜可怜我，饶了我吧。"丈夫哀求，"我的妻子实在太想吃你的莴苣了，如果吃不到，她就会死。"女巫听了之后，气慢慢消了一些，对他说："好吧，如果事情真像你所说，我可以跟你做一个交换，你要多少莴苣都没问题，都让你采，可是你们的孩子得交给我，我会做一个很好的妈妈。"丈夫没办法，只好答应女巫。后来，妻子真的生下一个女儿，可是当孩子刚刚呱呱落地，女巫就来到他们家门口，对他们说，她会把孩子命名为莴苣。"我会做个好母亲，你们放心！"女巫说完便把孩子抓过去，然后就消失了。

时间很快地过去，小女孩满12岁那年，女巫决定把她送到森林深处，把她关在一座高塔里。这座高塔既没有门，也没有台阶，只在塔顶有扇小小的窗户，莴苣住在里面，靠着女巫每天送饭菜来给她。每当女巫要上高塔，就站在塔下大声叫道："莴苣！莴苣！把你的头发放下来。"莴苣姑娘长得很美，还留着浓密且如金丝般闪闪发亮的长发。一听到女巫唤她，便把长发绑成辫子，绕住一只窗钩，然后直泻而下，女巫顺着辫子爬上来，把食物带给她，每天都是这样。

因为多半时间一个人在家，所以当莴苣觉得寂寞时，她就开始唱歌，歌声跟她的样貌和她的长发一样美妙。有一天，国王的儿子骑马路过森林，听到莴苣的歌声，因为深深被歌声吸引，王子决定要找到唱歌的女孩。他在高塔四周绕了好几圈，都找不到门，只好失望地回去，可回去以后，还是对那歌声念念不忘，所以他每天都来听她唱歌。这天，站在树后的他看到女巫走到塔前大声叫道："莴苣！莴苣！把你的头发放下来。"然后金发放了下来，女巫沿着发辫爬了上去。看到这里，王子很高兴，心想："我知道怎么做了，明天来试试运气。"

第二天傍晚，他来到塔下，依样画葫芦，大声喊叫："莴苣！莴苣！把你的头发放下来。"果然金发编成的辫子就垂了下来，王子顺利地爬上高塔。

当莴苣姑娘看到爬上来的竟然是个从未曾见过的男人时，彻底吓坏了。但在听完年轻英俊的王子温柔仔细的自我介绍之后，莴苣姑娘就接受了他，允许王子可以天天来看她。慢慢地，两人日久生情，王子开口跟她求婚，请求莴苣姑娘嫁给他。莴苣姑娘心想："他这么英俊潇洒，又比我的教母还要爱我。"所以就答应了。因为女巫教母白天来，所以王子就等到晚上来，他们还讲好，每次王子上来，就带一条编好的线绳，等到囤积足够，莴苣姑娘把线绳编成梯子，让她可以离开高塔，跟着王子远走高飞。

过了一段时间，某天莴苣姑娘不小心说漏了嘴："教母，为什么你那么重？我拉王子没有那么费力，一下子就把他拉上来了。"女巫听了大怒："什么？你这坏孩子！我还以为我已经让你完全与世隔绝了，你竟然敢骗我！我一定要处罚你。"怒气冲冲的女巫一把抓住莴苣姑娘漂亮的辫子在左手上缠绕，又用右手拿起剪刀，咔嚓一声，就把辫子给剪断了。她对莴苣说：
"既然你想出去，就让你出去吧！"于是把莴苣姑娘丢到一片沙
漠里，让她独自在那里生活，然后又把剪下来的金色辫子绑在塔
顶的窗钩上。

晚上，王子来了，又在那边叫喊："莴苣！莴苣！把你的头
发放下来。"女巫把头发放下，爬上来的王子发现等他的不是心
爱的莴苣姑娘，而是恶狠狠地瞪着他的女巫。女巫说："啊哈！
你以为你那只可爱的小鸟还在巢里唱歌给你听吗？我告诉你，她
此刻已经被猫吃掉了，而且你的眼睛也会被猫抓出来。"王子非
常伤心，绝望之下，从高塔纵身跳下，但是他并没有摔死，而是
掉进了一片荆棘丛里。荆棘刺进他的眼睛，王子两只眼睛都瞎
掉了。

失明的王子四处流浪，就这样过了好多年，后来，王子终于
来到莴苣姑娘被丢去的那片沙漠，再度听到熟悉的歌声，就往声
音的方向走去。莴苣姑娘跟王子分开时已经怀有身孕，这时的莴
苣姑娘生下了一对双胞胎，一个男孩和一个女孩。当王子靠近，
莴苣姑娘立刻认出了他，并且拥抱着他。看到他受苦的样子，莴
苣姑娘也很难过，搂着他的脖子哭了出来，她的两滴眼泪掉进王
子的眼窝，王子的视力恢复了，又能像从前一样看见了。他带着
妻儿回到自己的王宫，受到人民热烈欢迎，从此过着幸福快乐的
日子。

渴望带出可能

　　这个故事就以女主角的名字 Rapunzel 为名，Rapunzel（莴苣）
是德文，不是我们平时常吃的莴苣（lettuce），它是一种深绿色
小叶蔬菜，菜叶柔软可口，属于野菜的一种。莴苣长在巫婆的花
园里，既是香草美花，又可以入菜，带着土地的气息、蔓生的意义，
是大自然尚未被打扰、不曾被污染，生生不息的、更迭滋养的象
征。这样一个从母性大地生长出来的柔软植物，代表着女性柔软、
温润、不张扬的特质。这样的女特质地如何在两个母亲的生养下
最终发展出自己温柔又坚强的样貌，应是这个名字所代表的女性
面临的挑战。

　　解读童话的第一个重要步骤就是先确认开头与结尾。《莴苣
姑娘》从一对不能生育的夫妻展开，不能生育，就是核心议题。
生育是这个故事初始的以及最大的渴望。接下来，第二个渴望也
产生了，那个想吃莴苣的欲望无法压制的妻子，即便得翻墙闯入
禁忌花园也在所不惜的丈夫，这座花园长满了美丽的花草，但花
园的主人是一位也不能生育的女巫，女巫也有生育的渴望。故事
结尾，莴苣姑娘和王子在沙漠里重逢，生了两个小孩，从此过着
幸福快乐的日子。故事从不能生育到丰饶产出，渴望被满足了，

问题被解决了，任务被完成了。从荣格学派的观点来看，每个童话故事都提出一个精神世界等待被解决的问题，而故事的情节就是这个解决方案的演绎。《莴苣姑娘》一开始就提出"创"与"生"的问题，生育作为象征，不能生育、生不出来，代表人类心灵创造力的枯竭，新的可能性无法产生。

孩子是新生命，除了代表创新，也代表希望和可能。童话故事经常用小孩来代表生命的柔软可爱，男孩女孩都一样，生男孩偏向带出新的阳性原则，而生女孩则偏向带出新的阴性原则。新是过去没有的，新会带给我们期待，有些事情变得可能了，状况与过去不同了。对于新的盼望，是一个原型。

《莴苣姑娘》故事里的第二个原型是禁忌的空间，也就是巫婆的花园和后来莴苣姑娘所居住的高塔。《莴苣姑娘》的故事流传久远，之前靠着口传，大约在18世纪被写成文字，故事有好几个版本。在其中的一个版本里有位年轻女孩，她是女巫的忠仆，被赋予掌管一串钥匙的任务，女巫出门前交代她所有房间都可以进去，唯独其中一间不行，好奇的年轻女孩走进了禁忌的房间，发现她的主人并没有离开，头上长出两只角，正坐在房间里。这个画面吓坏了她，她也因为看到女巫真正的样貌，被惩罚关在一座塔里，塔上同样没有门，得靠她把头发放下来，女巫才能爬上去把食物带给她。这个版本的禁忌是一个房间，与巫婆禁忌的花园一样，也是一个常见的原型。

《莴苣姑娘》有许多不同的名称，例如《长发姑娘》或者《长发公主》。我们最熟悉的意象，应该就是女孩在塔上，王子在塔下，可以做成梯子的金色长发，以及一位像妈妈又像警卫的巫婆。这几个元素带出第三个原型：不被允许的爱情。

这故事中还有一个原型，就是交换。荣格童话分析里经典的故事《没有手的女孩》，说的也是一个因为想满足某种渴望，只好与魔鬼达成协议的故事。故事里有位贫穷的磨坊主人，在森林里遇见一位陌生人，对方说："我可以让你变得很有钱，但是你得把磨坊后面的东西给我。"磨坊主人想，家里后院哪有什么东西？不就是一棵苹果树吗？于是一口答应，对方现出魔鬼的原形，与磨坊主人相约三年之后来取。磨坊主人刚到家，太太就冲出来说："发生了什么事情？为什么我们家的箱子里有黄金不停地涌出来？"他把跟魔鬼的约定告诉太太，并安慰她："没关系的，后院只有苹果树。"太太一听，立刻泪流满面地说："你不明白啊，我刚刚才叫女儿到磨坊后面去扫地。"磨坊主人这才知道魔鬼要的不是苹果树而是他的女儿。在另外一个版本里，磨坊的女主人想要酿出全世界最好的啤酒，魔鬼说："没问题，我教你酿全世界最好的啤酒！而且，我只要你给我你跟这个酿酒桶之间的东西。"女主人想，这中间什么都没有啊，所以就答应了，但她不知道自己已经怀孕，在她与酿酒桶之间的、魔鬼要的，正是她孕育的新生命。因为被渴望驱动，想拿到极想要的一件东西时，必须为此付出当下还不知道、极为惊人的代价，这就是童话故事里经常出现的交换的原型，也是《莴苣姑娘》的开场。

这个著名的童话故事触及了人类多个重要的心灵原型，难怪会被大家深深喜爱。它呈现出了人内在的动力：渴望所产生的强大的动能，闯入禁忌的房间，打破爱情的僵局，付出惊人的代价，让被隐藏的那面现身，让更新变得可能。

墙这边的女人没有名字

在童话分析里，名字是重要的线索，从没有名字到有名字，代表着从不被辨识到可被辨识；放进荣格所提出的自性化历程的脉络，就是个体寻找认定、发展独特以及创造生命的过程。《莴苣姑娘》一开始提到一对无法生育的夫妻，他们没有名字，就是极为普通的"男人和女人"，代表规律、平淡度日的多数人的生活，活在日复一日里，无法产生新意。整个故事里只有女孩有名字，女孩一出生就被命名为莴苣，因此突显了女孩出生的象征意义。

故事开始时，墙这边有位无名女，在成为母亲之前，是一位不能生育的女人，她怀孕后，有了一个强烈的渴望：她从房子后面的小窗户看出去，从小小的开口看见一个丰盛富饶的世界。小窗户意味着一种缩限的、匮乏的、局促的女性生命状态，而墙那边的花园，却是那么美丽、丰富与多样，两者之间的落差诱发巨大的渴望，这个渴望来势汹汹，无法自制，好比故事里的女人一直活在规律与框架里，某天突然瞥见孕育与创造的可能，虽然还未能发展出由此及彼自然而然的路径，但那个渴望已然不可遏制。故事的发展是她的丈夫在夜晚爬过墙去偷取巫婆花园里的嫩菜，但这个突破禁忌的举动非但没有满足她的渴望，反而发展出成瘾的行为。虽然她怀孕了，但是孕育与创造显然没有完全进入她的生命，她还是被困在一个无法挣脱的枯竭状态之中。

墙那边的女巫没有传人

墙那边的世界又是如何呢？女巫有一座丰饶的花园，但是她害怕被人侵入，为了保护这片纯净的土地，她盖起了高墙，团团围住、框住花园。

古老社会里，女巫经常代表有智慧的年长女性，她们生命经历丰富、传递各种知识或信息，又是女神的化身、守护者或者代言人，通常是被神选中而非自愿担任的，所以在聚落里维持一种独身的状态，不能生育、没有小孩，却又被赋予保有、维护以及传承她们身上所携带古老智慧的责任。《莴苣姑娘》里的女巫服侍着主管丰饶大地的女神，跟土地与植物特别要好，为了不被人类或人类所代表的文明进步所破坏，她必须让这座花园保有完全的纯净，确保不被侵入或穿越。称这种"不准进入"为神圣性也好，或是永恒性也好，总之，谁都不可以进入女巫的花园。处女地，就是尚未被开采的林地，女巫就是年长的处女，她的世界不允许被侵犯或玷污，但这个原始设定隐含着一个必然的缺陷：如果女巫没有传人，她的一切也将消失，所以她必须抢夺他人的孩子作为自己的继承人。

创造的渴望

墙这边的女人派丈夫去偷菜，驱使男性动能攀越高墙、闯入花园，被墙那边的女巫逮到，反过来抢夺她的女儿。《莴苣姑娘》

里，女人和女巫互为阴影，觊觎彼此所拥有的，原因是她们象征了两种对立的女性能量，一端是传宗接代、与人联结、成为母亲与妻子的女性能量，一端是传承智慧、与大地联结、不进入家庭的处女能量。

这两种能量之于女性内在发展是分裂的，很难在一位女性身上同时完成。把女巫传承智慧的特质，去掉灵性的成分，放进现代社会里，可能就是一群投身事业而非家庭的女性，她们把知识、才华、技术与专业发挥到极致，过着自给自足的生活，选择不进入婚姻、不生儿育女。这样的女性能量与生育小孩、传递生命的能量不能合一的结果是，被分裂、被压制出去的那一面，就会变成内在心灵世界的阴影，一旦对立那面被自己看见，如同故事里的女人与女巫，就会对对方产生极为羡慕或者极度厌恶的情绪。

女巫以及她所代表的智慧、纯净，是这个故事里的妻子的阴影，而妻子以及她所拥有的生育繁衍的能力，变成女巫的阴影。两个女性必须通过偷盗与抢夺，才能拿到自己渴望与欠缺的，《莴苣姑娘》的开场，说的是一个女性精神世界里因为创造力路径不同导致分裂、导致内在无法整合的困境。对于整合的渴望如此巨大，妻子看见美丽的莴苣，内在产生一种非吃不可、不吃会死的强烈欲望。在这个故事里，莴苣被用来代表越来越难满足的欲望，即使吃到了，欲望却没有消退，反而越燃越炽、继续强大，这其实就是上瘾。现代人的物质性成瘾就像童话故事里的妻子渴望莴苣一样，越不应该，就越渴望、越沉迷，只好偷一点过来，再偷一点过来。

上瘾与灵性

20 世纪曾被称作成瘾的年代，到了 21 世纪，成瘾仍是一个严重的人类集体的精神状态。曾接受荣格分析的比尔·威尔逊是 20 世纪全美最重要的自救运动"匿名戒酒会"（Alcoholics Anonymous；简称 AA）的发起人，他所创造的 12 步骤戒断酒瘾，有惊人的成功比例。

AA 主张，瘾的根源其实是与灵性失联，所以有人认为这个自救方法就是一场灵性运动。进入匿名戒酒团体的第一件事，也是 12 步骤的核心信念，就是承认戒断无法靠自己，自己的意志力做不到，得要臣服于一个更高的力量（但不限于宗教的神明或上帝），靠这个大于自己的力量达成戒断。我们总是对自己说："明天就开始运动！""明天就开始静坐！""明天就开始早起！"但我们通常无法达成，反正做不到也不会怎么样，比起运动、静坐和早起，戒酒、戒毒与自身健康的关联性更高，需求更迫切。但是要戒断生理成瘾现象的关键，却是承认自己没办法做到，在心理层面承认有一股超越自己的力量存在，才能进行后续的戒断。

比尔·威尔逊曾与荣格讨论成瘾的现象，两人认为"瘾"可以被视为一种较低阶的灵性饥渴。现代人的生活少了深度与广度，太平凡、太规律、太机械与太理性的结果，导致生命对于灵性的渴望无法满足，所以转而寄托给任何一种可以立刻以感官感知的形式，例如酒精、药物，人可以感受到一种扩大和愉悦，一种超越自身限制的自由，一旦体会过小小的那个我被扩大了、被解放了、被取代了，就会一次又一次渴望再进入那样的状态里面。

在这里我们看到的是一种即便得到了也不满足，渴望不断升高，总还想要更多的心理状态，从小窗户痴痴看着隔壁花园的妻子，就像奥黛丽·赫本在电影《蒂凡尼的早餐》里面那样，每天醒来第一件事，就是去第五大道，在漂亮的珠宝橱窗前流连忘返。

渴望可以依附在任何对象之上，用以满足我们的心理需求。在成瘾心灵的最底层，有种对于自我被扩大或者自我感消失这类深刻经历的渴望。当日常生活里的宗教不见了、仪式不见了，没有管道可以承接对于灵性深刻经历的强烈需求，就会转移给莴苣、珠宝、酒精、药物或偶像团体等，借着这些替代的事物，跨越到墙的另一边。所以成瘾现象是一个现代问题，尤其常见于与大自然渐行渐远的经济社会与进步都市。

成瘾意味着某种深刻且强烈的渴望，但是在上瘾的世界里，我们看不到灵性的层次，也无法触及个人内在深度的期待，只好用物质性的、表面的事物或兴趣，以实际可看见与感知的行为、行动，短暂替代那个深刻且强烈的渴望。当代的成瘾行为，经常以消费的形式展现，物质与商品暂时填补心灵的渴望，这可以帮助经济的发展，但我们并不会在消费之中得到真正的满足。

童话里的妻子，渴望的是莴苣，不吃莴苣就会死，这不是很可笑吗？如果置换成名牌包或者珠宝、钟表、鞋子，就不可笑吗？成瘾有一种越来越无法满足的特质，刚开始，只是从小窗口偷看莴苣，然后想尽办法得到一个小小的满足，到了第二天、第三天，二倍大、三倍大的欲望就会出现，好比有购物癖的女性，当季商品才刚入手，马上又想买下一季的新品，每次只能满足一点点，接着更大的、更强的欲望就会产生。这个女人所渴望的，其实是创造力与生命里新的可能性。

高塔

　　童话故事开头就点出了一个女性内在分裂的状态，因为自己没有能力转化，只好去别人那里偷取，被抓到以后，因为触犯了禁忌，所以得接受惩罚，代价就是献出新生的孩子。这个小孩除了代表新的生命状态，也代表一种新的可能，用来处理或转化内在的分裂，随着故事的发展，孩子的爸爸和妈妈都消失了，只剩下小女孩和她需要面对的女巫。

　　就像许多童话里的继母，女巫呈现的是女性的黑暗面，代表了母亲原型的负面特质，接下来的情节可想而知，刚满 12 岁的小女孩就被女巫关进了高塔。故事里的塔，平地拔起，盖得这么高，是一个男性的意象；没有门，也没有梯道，这种孤立与隔绝，不禁让我们联想到许多家庭、学校那种强制拘束青少年的意图。当父母感觉技穷，不知道如何处理正在面对青春时期各种挑战的孩子时，出于保护或照顾的本能，可能会想尽办法把孩子隔绝起来，让他们活在一个完全不被污染的环境里。故事里的女巫先盖高墙、后盖高塔，忙得不得了，就是希望小心呵护纯净的女性特质，让女性特质处在一种最无瑕的、最完美的、不被沾染的状态里。正因为在这种环境中成长，故事里与世隔绝的莴苣姑娘，对于真实世界反而变得没有一丁点儿的抵抗能力。这次叫门的是位王子，下次来的可能是个无赖，其实不管谁来，她都会跟着对方走，这也是父母之爱的困境，父母总是想把孩子放进无菌室，却反而剥夺了孩子对外界诱惑产生抗体的可能。

虽然象征禁闭，但是高塔本身如此突出于大地，莴苣姑娘又总是在塔上唱歌，仿佛在召唤另外一个精神世界与另外一个心灵现身。即便女孩极度孤立与被监禁，同时却又被鲜明高举，这就是《莴苣姑娘》最突出的意象：高塔与塔里的女孩。12岁的女孩，对性的好奇以及对世界的好奇，正随着步入青春期而萌发，却被代表绝对纯净、严禁涉世的女巫关进了高塔里。

梳理思绪

《莴苣姑娘》另外一个令人印象深刻的意象就是，用以联结孤立高塔与外在世界的金色长发。闪耀的金色长发编成发辫，成为梯子，能供人上下攀爬。青春少女的长发，蕴含着丰沛的力比多与强大的阴性特质，这个能量，除了带出性的能动性，也是一种欲力、一种生命发展与创造的能力，正好与高塔的封闭监禁形成极端的对比，这端是丰饶蔓延的阴性，彼端是拔高控制的阳性。

头发的韧度极强，在许多神话里都用来象征强大的生命力，例如《圣经》里的大力士参孙，他盖世无双的力气全来自头发，在某次喝醉后，他把这个秘密告诉了心爱的女人，而被这个女人出卖，头发被剪，力气全失，被监禁在牢中。故事最后，虽然参孙两眼失明，但是新长的头发让他恢复神力，捣毁了整个神殿。在其他故事里，长发有时也伴随着梳头的意象，发从头上长出来，所以梳头也有梳理思绪的意味，一边梳头，一边把思绪理清楚。莴苣姑娘头发这么长，这么丰饶的生命力得靠好好整理才能编成辫子，长发、梳头以及绑辫子的意象紧密相连，可以说女孩进入了青春期，进入了年轻女孩性的发展阶段，借着一次次梳理头发，为内在自我的发展做准备。在这个准备的阶段，只有代表负向母亲的女巫可以自由进出监禁女孩的高塔，直到王子出现。

在暗处孕育

至此，《莴苣姑娘》进入夜夜欢愉的场景，英俊的王子每晚都来跟莴苣姑娘幽会。只在夜晚现身的男人，也出现在希腊神话

《丘比特与赛姬》的故事里，爱神厄洛斯（罗马名丘比特）只有在天完全黑了之后，才来和妻子赛姬交欢，他不许妻子看自己的样子，对她说："如果你看到我，我就要离开你。"赛姬禁不住姊妹的怂恿与挑拨，在绝对的黑暗里点起一盏油灯，惊见夫婿原来长得如此俊美，一个不小心，蜡油溅到美丽的厄洛斯肩上，他痛醒之后，立刻振翅飞走，于是赛姬开始了一段寻夫之旅。荣格的入室弟子埃利希·诺伊曼曾引用这个故事论述阴性心灵的发展历程。"人约黄昏后，月上柳梢头"的场景，不只西方童话跟神话里屡见不鲜，不同文化里也比比皆是，好比《聊斋》里那些夜半不眠、痴痴等待女鬼或狐狸精来敲门的书生，以及《西厢记》里为爱翻墙的张生。这些跨越文化与时代、一再重复出现的故事情节，说的都是生命共通的一种只发生在黑暗里的情欲原型。

这种存在于夜晚的欢愉，绝对不可以被白日的光照见，唯有继续留在潜意识里，保有一种不明就里、糊里糊涂的特点，才能持续愉悦，反正晚上看不清楚，可以不用负责任，只顾着玩耍。像王子这样夜夜攀爬，在离开了地面、悬浮于半空的高塔之上与莴苣姑娘交欢，就是现实生活里父母与师长最难忍受的青春恋曲。长辈经常对小情侣说："小小年纪谈恋爱，不切实际！会妨碍读书。"为什么恋爱会让人分心、无法专心读书？这种与夜晚情欲联结的思绪或感受，会带来愉悦，但又还无法进入意识的层面，还不能被光照见，一旦我们看清楚它，它就会催逼我们的内在进入下一段旅程。

王子偷偷摸摸来回在地面与高塔，让我们联想到希腊的小偷之神赫尔墨斯。赫尔墨斯是一位可以穿越阴阳两界、把人从冥府带回地面的神，所以代表了越界与传信，因此也被奉为商业之神与旅行之神。无论在神话还是童话中，翻墙爬塔的几乎都交给男性角色负责，因为偷窃、犯规与打破禁忌，需要的是阳性的穿越能量。

在女性心灵的发展历程里，遇到爸爸不准、先生不许，但是又想让阳性能量产生，就必须像《莴苣姑娘》刚开始那样偷偷摸摸地去隔壁花园摘莴苣。偷偷地做一点，再做一点，拦也拦不住，例如存私房钱就是典型的女性发展阳性的能量方式。然而，尽管阿尼姆斯偷偷地翻墙或者爬塔，这个"偷偷地"只能在某个阶段短暂扮演信息传递的角色，就像小偷的工作不能公开，也总有风险，所以还无法真正让分裂的两种女性能量合一。

偷窃跟偷情一样，只能在黑暗里发生，也就是说，此处所发生的，还未被意识知道，还不能为自己所用。我们已知内在有众多防卫机转，一找到机会就对自己喊话："我是好人，不可如何如何！我是妻子，不可如何如何！"但我们也已知心灵历程走到最后，必须要让新的资源被意识理解，成为内在可运用的资产，所以童话或神话里的小偷们总是亦正亦邪，当内在还未完全准备好的时候，还需要他们的穿针引线。希腊的小偷之神赫尔墨斯到了罗马时代被称为墨丘利，这位为众神传话的信使，拥有滑头与狡诈的特质，当我们内在某些元素想从潜意识里现身，是需要一点点滑头与狡诈的帮忙，才能翻过意识的栅栏、围墙、高塔，把它们从隐匿的世界里带出来。如果开始就明讲，我们会说："我不去。"必须等到被骗去，才发现这是必要的旅程，所以这些小偷与骗子，带点些许哄骗欺瞒特质的角色，反而是精神世界里意识与潜意识之间重要的桥梁与使者。

在黑暗里还很惬意的，长发的美丽女孩、英俊的王子，以及那些两个人共同编织的、属于夜晚的情爱美梦，爱意与情欲的蔓延，是女性从女孩成长为女人，进而生儿育女、创造生命的重要孕育阶段，必须设法逃过那位混合了白天以及威权的母亲的监视。母与女之间总有着这样的张力，妈妈会对女儿说："不管你有什么心事，都可以告诉我。"但是女儿知道，有些事情，就是不能告诉妈妈，也不能被妈妈看到。

生命中，有一段属于自己的黑暗、隐匿或者保留，可说是精神世界某些面向发展时非经历不可的，有些事物与情境，只有在特定时刻才容许被打开。我们的日常太过强调用理性来沟通，这么做其实太倚重自我了，多读几个神话或童话，我们就会知道有些事情必须发生在黑暗中，而且必须保密。附着小锁的日记本现在已经不太容易找到，买这种日记本的多半是小朋友，表达的就是一种内在的东西要锁好、不可以随便被他人打开的心情。有一阵子，我的工作室里保管了许多个案觉得不管放在哪里都不安全的信件、日记，就算成年人也会有这样的不安，如果没有分析师的工作室可以暂时安顿，有些人会把这些东西放进后备厢，不管到哪里都带着，这就是心灵的安全空间。允许自己有个这样黑暗的、秘密的、被守护的空间，是孕育所需要的，也正是莴苣姑娘在秘密关系里经历的事情。当然，我们的心灵不可能永远停留在这个阶段，也不可能永远在黑暗里滞留，如果不再发展，意味着女性内在创造力的停滞，自我意识的状态迟迟不发展，也有必须承担的后果。

惩罚带来启蒙

女巫怎么发现女孩与王子的秘密？《莴苣姑娘》许多个版本之一是莴苣拉女巫上塔时说漏了嘴："妈妈怎么这么重啊？王子拉起来轻多了。"另外一个是莴苣对女巫说："为什么我的衣服变得这么紧？"女巫立刻察觉女孩尝了禁果，已经怀有身孕，大怒之下，剪断她一头长发，把她丢出塔外。

神话也好，童话也好，错是注定要犯的。赛姬非在夜里偷看厄洛斯不可，莴苣姑娘也非说错话不可。先被剪断头发，然后被丢出高塔，看起来是惩罚，但是剪断与丢出这两个动作具有与过往切断、往未来抛掷的象征意义。剪断长发，剪断了一个少女的天真与无知，从此必须睁开眼睛看清现实世界；离开高塔，固然是离开了监视与囚禁，但同时也脱离了保护，从此必须自己面对所有的困难。

莴苣失去了美丽的长发，从一个完全不用负责任、只顾着夜夜游戏玩耍的女孩，被丢进艰困如沙漠的真实的女性处境，生了两个孩子、成为母亲，负起责任、奋力存活与发展，这些全都发生在被丢出高塔之后，所以女巫的惩罚，就是莴苣的启蒙。被女巫盛怒所牵连的王子，在这个时候也被迫离开每天晚上幽会、唱歌、跳舞的美好日子，被迫离开莴苣，走上自己的发展道路。

王子从高塔坠落，被荆棘刺瞎了双眼，代表他之后所看见的不再是外在的世界，他得打开自己的内心，开始看见内在的世界。虽然这个童话并非一个王子的故事，但我们还是可以从王子的迷失、游荡与悲伤中看见成长需要的过程——他终于从男孩蜕变为男人，开始寻找自己的妻子与孩子。漫游在森林、村庄与田野之间，不见得一定能找到他要的目标，但可以确知自己再也不能留在原先的生活、原先的信仰或者过去认定的价值里了。在自性化的发展道路上，我们必须出走，断开既存的生活轨道，偏离已知的康庄大道。

　　而王子的妻子、童话的主角，此刻在沙漠里成了短发的莴苣，就如同真实世界里的女性也经常不自觉地以发型改变作为跨越人生重要阶段的象征。孤独与干枯的沙漠发起挑战，莴苣在这个完全不能长出东西的地方，独自顺利生下两个孩子，经历了完整的内在历程。通过了心灵的挑战以后，分裂的女性内在终于可以合一，可以生产和创造，内在的阴与阳也终于可以合一，可以生产和创造。

第 4 章

打开禁忌的房间：费切尔的怪鸟

认识阿尼姆斯

　　荣格认为心灵即能量，在众多重要的心理原型所代表的能量形态中，阿尼玛与阿尼姆斯无疑是最重要的，阿尼玛代表男性内在的阴性能量，而阿尼姆斯则代表女性内在的阳性能量。

　　埃利希·诺伊曼定义心灵中的女性/阴性原型为：自我涵容，物质的、静止的。男性/阳性原型的特质则是主动的、侵入的，它推动意识的发展，使个体脱离精神母亲的脐带。这种动能是心智的，关乎启动我们的智力、灵性及意志。心灵中有关意识自我的功能，一般定义为阳性功能，因为生命早期的混沌经历是笼罩在母性/阴性统辖范畴，而父性/阳性经历的启动则是较晚才开始的，所以潜意识被归为阴性领域，而意识被归在阳性领域。在心理发展上，阳性功能所代表的主动性，包含了心智与意志的发展。诺伊曼认为，意识的开启是从"否认"的表达开始的，代表个体脱离与"原初的母权世界"的认同。也就是说，当孩子开始说"不"时，代表他的自我意识开始萌发，启动了"人我之间"的区分、母子之间的区分，同时这也是心灵中对立与分裂产生的阶段。阳性动能的启动，就代表了在母胎里的安全稳固将要面对改变，为个体带来的正向面是新的可能与创造性的成长，而其负向面则是有失控的、强迫性与毁灭的危险。

阳性原型与意识自我及其功能有关，因此发展也跟意识自我的发展相同。依据荣格的定义，体现在意识的阳性功能，在身体上的是力量与行动，在精神上的则是言语与意志，另一个面向则展现在技术上锻炼的成就。爱玛·荣格与荣格都曾提出女性内在的男性原型阿尼姆斯的多重性，当时他们的解释是现实世界中的男性有多种面貌，所以女性内在的男性也有多种面貌，但芭芭拉·格林菲则认为这个多重性是由于阿尼姆斯就像自我的发展一样，有不同的发展阶段的缘故。芭芭拉研究神话与电影中出现的典型人物，将阿尼姆斯的发展阶段区分为：发展较初期的男孩、唐璜、魔法师，以及发展较后期的英雄、父亲和智慧老人。她认为其中以魔法师和父亲原型对女性的人格转化最为关键。父亲是保护者，他代表秩序，制定律法，但这个原型可能因为权力过大，过于严苛掌控而压抑了个体发展的自由；魔法师则是打破旧的法律规则，使个体得以自由，他依循本能行事，但他可能是个小偷、骗子或是诱惑者，完全不可信任。

在父权社会的性别刻板环境下，女性的阳性面向常以投射的方式存在，一面寻找现实中的完美父亲或是如同父亲一样可以依靠的丈夫，另一面则期许自己可以扮演完美的女儿与妻子。这样的成长目标被社会主流价值所支持，传统女性也被鼓励往这样的方向发展，如同裹小脚一样，忍痛把个人特性弯曲隐藏起来。但荣格认为完美投射所产生依赖与共生的问题，使女性看似处在美好幸福的生活里，身心却饱受焦虑所苦，因为自性化的发展需求与原型的集体化特质基本上是对立的。

另一个值得关注的现代女性议题，则是女性自我中阳性能量过分强大的问题，冯·法兰兹将这种情形称为阿尼姆斯附身，也就是我们常说的，未活出来的自己会在潜意识里作怪，没有被允许发展的阳性能量以一种粗糙的方式蹿出。被激活的阿尼姆斯吸取了意识的能量，占据了人格的主导地位时，女性的面向会被压制性地推到幕后，外表看似强悍的女性很容易产生忧郁与不满足感。这时阿尼姆斯会以一种集体性的、道德性的僵化价值要求个体顺从，仿佛内心有个声音不断告诉你："你应该怎么做……"如果你不符合那个标准，内在声音就会攻击你："你不够……""你不行……"除了自我贬抑与自我伤害，这个态度也同时会被投射到外界，使被附身的女性，表现出强悍与冷酷，要求严格且不通人情，如果她是个拥有权力的女性，借着权力加持，她可能比一般男性更让人害怕，难以亲近。

凯瑟琳·艾斯波研究阿尼姆斯对女性人格的影响，特别是阿尼姆斯的攻击性如何伤害他人，如何伤害女性自身。她说女性之所以忧郁，常常是来自内在的自我攻击，特别是阿尼姆斯对自己的攻击，以一种否定自己的形式出现，贬抑自我的成就。另外一种阿尼姆斯所造成的影响是让女性变得高度自我防御，会有个内在声音说："不是我，不是我的事情！与我无关！"把事情推开来。这样的自我防御里其实藏有很大的怨恨，联结到这个孩子跟母亲的关系，这样的母亲通常有很强的负向性，使得母亲跟孩子之间的爱的联结没有办法传递下去，于是她的孩子就会发展出一种存活的方式，就是想生存就要变得强大。而这种信念成为一个人合理的态度，会在学业、事业的成功上呈现出来，坚强壮大变得是绝对的必要，同时却在人际关系上表现出冷淡、疏离、不参与。

负向的阳性特质未必直接跟父亲有关，有时孩子会受到母亲身上阳性特质的影响。当母亲自己的心灵能量是以阳性的阿尼姆斯主导，母亲在亲子关系上更像一个严厉的父亲，这样的亲子关系所发生的问题，将使得母亲没有办法传递情感，母亲的爱以极严苛的高期待呈现，她的孩子就会感受到母亲内在的负向阳性原则。这是典型的"望子成龙，盼女成凤"母亲会有的状况，大量阳性的能量被母亲投射到孩子身上。

现代社会女性掌权的机会愈来愈多，女性发展自我的时候，对自身男性特质的认识也越显重要。这一章我们借由童话探讨女性内在负向阳性原则的议题。故事是《格林童话》当中的一个——《费切尔的怪鸟》。

FITCHER'S BIRD
费切尔的怪鸟

很久很久以前，有一个巫师，他常常把自己变成很穷的乞丐，跑到村庄里面到处去乞讨。如果碰到漂亮的小女孩，他就会把小女孩抓走，没有人知道他把小女孩抓到哪里，因为碰到巫师的那些女孩从来没有回来过。

有一天，他到一户人家的门口乞讨。这家人有三个漂亮的姑娘。这个巫师背着一个很大的袋子，像是准备装人们施舍的东西用的，他的样子活像个身体虚弱、令人怜悯的乞丐。他乞求那家人给他点吃的，于是大女儿走了出来，拿了一块面包给他。巫师碰了这个女孩一下，女孩就不由自主地跳进他的大袋子里，然后巫师就迈着大步回到森林里面去。

回到住处，巫师把大袋子放下来。他的家里富丽堂皇，金银珠宝、山珍海味应有尽有。这个女孩享受了所有她能够想象到的最好的生活。巫师对她说："亲爱的，你想要什么我都会给你。"

过了几天，巫师说："我得出门几天，你必须一个人在家几天。我会给你一串钥匙，每个房间你都可以去，每个房间里面的东西都是你的。唯独一个房间，就是这把小钥匙能够打开的房间，你不能进去。如果你进去的话，处罚就是死，会很痛苦地死去。"然后，巫师又拿出一颗蛋给大女儿，他接着说："好好保管这颗蛋，不管你到哪里都要带着这颗蛋，一直到我回来的时候再把蛋还给我。"

大女儿接过小钥匙和蛋，就开始开心地到每个房间里面去玩，每个房间都金光闪闪的，女孩从没见过这么多的金银珠宝。女孩每个房间都去过了，最后来到禁忌的房间前，她很想遵从巫师的提醒，不要去开那个门，但是她的好奇心实在太强烈了，她还是拿起小钥匙打开房间的门。

她走进房间，发现里面什么都没有，只有中间有个盆子，看到盆子里面充满了血，女孩吓得把蛋掉到血盆里面去了，她赶紧把蛋捞起，拼命地洗啊洗，但是无论她怎么洗，蛋都洗不干净，充斥着血的痕迹。这个时候巫师回来了，他看到蛋上面有血渍，于是他知道了发生的事情。他对大女儿说："你违反了我的规定，既然你违背了我的意愿，那我现在就要做一件事情违背你的意愿。"然后巫师就把她拖进那个房间，把大女儿杀了，放进血盆里面。

再一次，巫师又到了那个村庄，又变成可怜的老乞丐，遇到二女儿，二女儿觉得他好可怜啊，于是拿了一块面包想要给老乞丐。他同样又碰了二女儿一下，二女儿就不由自主地跳进袋子里。同样的事情再度发生，巫师又拿出一串钥匙和一颗蛋，二女儿一样没有办法抗拒诱惑进到那个房间里面，巫师又发现了蛋上有血的痕迹，二女儿也被杀了放进血盆里面去。

巫师第三次来到这个可怜的家庭。三女儿是个很聪明、很慧黠的女孩，她也一样不由自主地跳进巫师的袋子里面，被带回到巫师的家里去，巫师同样给了她一串钥匙和一颗蛋。巫师一离开，她很想把每个房间都打开的时候，她想了想，决定不遵照巫师的意思。她先把蛋放在安全的地方，不随身带着这颗蛋，然后她开始一个房间、一个房间打开进去玩，一直到最后那个禁忌的房间，她也打开了那扇门，看到了她的两个死去的姐姐。当她把两个姐姐的尸体拼凑好了，她们的身体突然合在一起，两个姐姐的眼睛就睁开，活了过来。她们兴高采烈地互相亲吻、互相安慰，三姊妹又可以在一起了，妹妹救了她们。

这时候听到巫师回来的声音，三女儿赶紧出来迎接，巫师检查那颗蛋，发现没有任何瑕疵，没有任何血渍。他说："你通过考验了，从此以后我再也没有能够影响你的魔力。你可以要求我做任何你想做的事情，我只能服从。"她说："好啊，我想要一个盛大的婚礼。所以我会打扫这个屋子，而你呢，你要背一整包的黄金到我爸爸妈妈家，当作你迎娶我的嫁妆。"巫师说："没问题！我一定会服从你说的话。"

妹妹就赶紧跑到房间里，跟姐姐们说了这个好机会，于是她把姐姐们装进大袋子里，在上面铺满了金子，让巫师看不出来。她对巫师说："你就背着这个袋子去，你要赶快去，我会在阁楼最高的窗子那里看着你。如果你停下来我就会催促你。"巫师说："没问题，我一定会尽快去。"他就把袋子背起来，袋子非常非常重，巫师走了一段路，他就累到坐下来休息，他一休息就会听到有声音说："我在小窗户上看到你坐下来休息了哦！赶快起来，赶快。"于是他就赶快起来走。然后走了一会儿，他又坐下来，袋子里面的姐姐又说话："你又停下来了哦！我在小窗子里看到你了。赶快起来！"巫师三番两次地都听到催促的声音，所以他只好拼了老命，汗流浃背地尽快来到未来妻子的家门，把这些黄金给了女孩的父母。

与此同时，三女儿把房子打扫干净，并找到了房子里面唯一的骷髅头，她用鲜花装饰这个骷髅头，把它放到房子最顶端的阁楼窗子前面。然后她把自己的衣服脱光，跳进一个装满蜂蜜的桶子里，把自己全身沾满蜂蜜，把羽绒被划开并跳进去在里面翻滚，让自己身上沾满了羽绒，女孩看起来变成了一只奇异的鸟。

然后女孩跑出巫师的家，路上碰到了要来参加巫师婚礼的朋友，巫师这些朋友说："哎呀，你这只费切尔的怪鸟，你怎么会在这里呢？"女孩就说："我是从附近的费切尔家来的。"他们说：

"那新娘现在在做什么呢？"她说："啊，她应该已经把房子都打扫干净了，现在应该在阁楼上看着。"他们看到阁楼窗户上的骷髅头，以为是新娘子，就赶紧往巫师的家走去。

接着，女孩在路上碰到了巫师，巫师问："费切尔的怪鸟，你怎么会在这里？"女孩回答："我从附近的费切尔的家过来。"巫师说："那你有没有看到新娘在做什么？"她说："新娘已经把房子都打扫得很干净，现在应该正在窗子边往外看呢。"这个巫师新郎很开心，看向阁楼，果然看到一张脸在窗边微笑，以为是新娘子，便很亲热地跟她打招呼，尽快地赶回家里。

这个时候，回到家里的两个姐姐已经跟家里人说了发生的事情，召集所有的兄弟与亲戚，要来解救自己的小妹。当巫师跟他的朋友们进入这个房子，女孩的兄弟与亲戚也赶到了，他们把每一个门窗都锁了起来，让里面的人不能出来。然后放了一把火，把巫师和巫师的朋友全部烧死在房子里面。从此以后，这家人就过着幸福快乐的日子。

直视死亡与强暴

这是一个关于男性暴力杀害女性的故事，诠释这个故事有个特别的困境，因为它太靠近现实世界里的社会新闻了，以至于我们需要花一些力气，来区别我们对这个故事的理解不是仅止于来自现实世界的经历，而是能够看到它所描述的心灵象征。

这个故事里不只有杀害女性的主题，也同时与强暴和禁锢有关。这种类型的故事在西方已形成传统，欧洲各地都有类似的童话故事在描绘这个可怕的议题。2016 年获奖无数的电影《不存在的房间》，描述的就是关于女性在无知的状态下被禁锢的可怕故事。而小说则以法国诗人所创作的故事《蓝胡子》作为代表，"蓝胡子"这个词也已经代表暴力诱杀女人的男子，象征着冷血的男性会引诱无知女性，再以她们无法抗拒的暴力将她们杀害。格林童话里相似的故事则有《强盗新郎》，描述女性接连被诱杀，而这些故事的最后，通常是一个聪明的女孩发现了这件可怕的事，然后逃出来打破了这个困境。

这不只是个常见的心理议题，也在现实里屡见不鲜。在美国加利福尼亚州，《被偷走的人生》这本自传的作者，杰西·李·杜嘉德在上学途中被一名男子绑架，十八年里被囚禁在仓库，沦为性奴隶并生下两个女儿。这种残忍的事件非常真实地存在于生活中。但在这里我们讲的不是社会案件，而是象征世界里暴力的发生，以探讨人类集体心灵中女性被男性暴力侵犯的现象。

涉世未深的心灵

从荣格心理学的观点来看，童话故事多半都是在诉说一个心灵从部分到完整的发展过程，也就是个人的整合历程，只是每个故事中的主人公遭遇的困境不同。这个故事处理的核心议题，是关于男性与女性的关系。巫师可以视为心灵里负向的阿尼姆斯，年轻的女孩代表年轻的女性心灵，涉世未深，对于人性黑暗面的理解近乎无知。女性心灵该如何面对邪恶的、负向阿尼姆斯的迫害呢？通过探讨《费切尔的怪鸟》的象征意义，可以让我们更了解女性心灵的危险角落。

故事里有许多值得探讨的原型主题。第一个是关于"杀害女性"的原型，象征的是被切开、割裂的心灵。第二个是关于"诱拐"的原型，天真无邪的少女被各种诱拐的手法带到危险的境地。第三个是有关于"禁闭"的原型，禁闭的房间、地窖或者密室，这样的意象被电影《不存在的房间》很贴切地呈现出来。禁闭的故事里，出现的角色总是黑暗的年长男性与年轻的女性，这在心理特征上是有意义的，女性通常都是年轻的或者新婚的少女，有着涉世未深的天真与单纯，容易被诱拐与摧残。最后一个是有关于"拯救"的原型，由最小的妹妹把两个姐姐拯救出来，指出了一种新的能力与智慧，方可打破古老的女性困境。

关于禁忌

《费切尔的怪鸟》这个故事有另外一个名字：《禁忌的房间》。许多人在梦中或许曾见过这类似的意象：房间、浸满血的澡盆、尸体或是尸块。禁忌的房间未必会出现以上的意象，但一定会有一个信息告诉你"不要进去"，但人们偏偏就是会进去；进去了以后，一定会再有信息告诉你"千万不要这么做"，但人们当然还是会做。

对禁忌感到好奇的不只有女性，有些以男性为主角的故事里，也会出现类似的情节。在一个故事中，公主跟男孩过着幸福的日子，她对男孩只有一个要求："你千万不要进入那个房间。"但是公主不在的时候，男孩还是打开了房间，看到一只渡鸦，翅膀被撑开来，被三根钉子钉在墙上，渡鸦哀求说："我很渴，请给我水喝吧。"男孩心生怜悯之情，喂渡鸦喝水，每喂一滴水就掉下一根钉子，两滴水就掉下两个钉子，第三滴水就让三根钉子都离开了渡鸦的身体，渡鸦变回坏魔法师，然后展翅逃离监禁他的房间。公主对男孩说："你不该这样做，现在我也只好离开了。"

这就是禁忌房间很典型的情节：房间里藏着秘密，禁止进入。人一旦进去就打破了禁忌，会因此打开另外一个世界。当故事里的人已经拥有丰厚的金银财宝，为什么还要开门呢？故事要告诉我们的是：只有开了那扇门，这条路才能往下走。对于禁忌的好奇，就是生命企图完整所引发的力量，催促着自己采取冒险的行动。

禁忌的象征，可以是禁止进入的房间，也可以是不被允许吃的食物。人类史上最有名的禁忌食物是苹果，《圣经·旧约》里亚当与夏娃吃了禁忌的苹果，才有了人类的诞生。日本动画《千与千寻》中，少女的父母吃了招待神明的食物，被惩罚变成了猪。禁忌通常以食物或者房间作为象征物，禁忌代表着压抑，告诉人们不可以去看、去接触，因为里面的东西是意识不愿意接触的。一旦碰触了，就如同打开了潘多拉的盒子，被意识排斥、抗拒的东西会从潜意识里释放出来，具有危险性，但是要走向自我完成的历程，我们却需要去面对这个禁忌之物。

在《费切尔的怪鸟》故事里的禁忌，是有关女性如何面对有关被诱骗、谋杀和死亡如此血淋淋的事件。这是一个关于女性意识的发展与完整化的故事，我们从故事走进另一个世界，看见女性的精神意识如何被谋杀。

被巨大魔力吞噬

想侦办一桩精心布局的谋杀案，首要目标是要找到犯人。在这个故事中，唯一能够杀人的只有巫师。在古老的故事中，巫师拥有神奇的能力，甚至可以操控别人，个性往往阴郁古怪，让人害怕，具有负向原型的内涵。然而在现代的故事，例如小说《哈利·波特》中，神秘世界被揭开，巫师角色重新被召唤回来时，赋予了更多的正向性。我们可以看到，同一个原型，会随着时代的演进，同时拥有正向和负向的诠释方式。

在《费切尔的怪鸟》这个故事中，男巫师所代表的负向的阿尼姆斯，也就是在精神世界里不断攻击、批评、禁锢我们的声音，它会切割、砍杀、剁碎女性的精神发展，展开一场女性内在的谋杀。这场内在的谋杀是如何发生的？在女性的精神世界里，有一些人的阿尼姆斯会与外在集体的男性价值相连接，化作一根粗大的棒子攻击女性的自信心，每当负向阿尼姆斯的大棒子用力敲下，女性的内在就响起一个贬抑自己的强烈声音和信号，它大声责备"你不够用心""你不够坚持""已经不聪明了还这么不努力"。我曾听过一位女性因为无法在计划的时间内完成论文，陷入忧郁，她常对自己的评论是"为什么别人在写论文期间一边工作一边把学位完成，还生了个孩子，为什么我做不到"，"我太弱了"。当这种贬抑的语言不断出现在心中，也就是所谓的负向阿尼姆斯，内在严厉的男性原则在不断地砍杀自己。久而久之，女性就不自主地接受了这样的信息，女性自我会如此评价自己："对啊，我就是懒！我实在是不聪明，我就是不可能！我不足！我不够！"

当女性内在的自我毫无怀疑地全盘接受这些声音，就提供了他人对自己贬抑的机会，每当有人批评自己的时候，她的内在就会认同这样的负向信息："果然！大家也觉得我很差！"这是女性内在的"巫师"，它会让女性觉得不足、没有自信，处在空洞匮乏的状态里。许多女性因为自己的低自尊，而能够深切地同理他人的缺乏自信，也容易看到他人的需要，成为很温暖、很慷慨的供应者。一如故事中的巫师总是以可怜的乞讨者形象出现，一个乞讨食物的陌生人引动了许多内在缺乏的女性借着填充他人的空洞换取自己短暂的饱满，即使这会让自己陷入困局与险境，仍乐此不疲。

习惯于自我否定的女性，在面对正向的信息像是肯定或赞美时，常常会视而不见，完全将之删除在记忆之外，因为这与内在自我习惯的批判太过背离，让人产生混乱和疑问而无法接受，结果看似正向的、肯定的回馈，却比令人沮丧的批评更让人不舒服。我最常听到这样的女性给我的反馈就是："你会这样讲，只是因为你们是读心理学的、你是分析师，当然会这样说。"内在严苛的阿尼姆斯牢牢地把自我捆绑，使得自我无法从外在得到正向的回馈，改变自我的状态。

《费切尔的怪鸟》故事的开场是一个巫师总是变成很穷的乞丐去乞讨，在其他版本中，巫师变成小偷去偷拐抢骗，也就是指出了男性原则的坏和负面性。当善良无知的女孩一碰到乞丐，就会觉得："他好可怜，我要帮助他！要照顾穷人！"这是个善良的举动，但当她们一碰触到巫师，他就把她吸进袋子里，让她消失再也无法被看见。这很像爱情，有一股巨大的魔力，把人吞噬进入另一个世界。接下来，我们可能会发现那是一个能完全满足自己所有需要的世界，一如故事里巫师所说："你要什么我都会给你。"我们可能会相信"很棒，房子很漂亮，我要什么就有什么"而停留在那里。这也正是这个故事的问题所在，当纯粹的女性进到一个集体的阳性价值里，相信只要嫁给有豪宅的男人、嫁给高富帅，就可以过着美好幸福的生活，当你进到以阳性原则主导的世界，完全认可了阳性世界的价值，就如同你接受男人给的名牌包、钻戒、豪宅的时候，女性的自我几乎就等于死去了。这样的情节也出现在希腊神话中，美丽少女赛姬与爱神丘比特的爱情故事中，赛姬得到一切最好的生活，住在金碧辉煌的宫殿，享受着锦衣玉食的生活，可是她也同样有个禁忌：不可以看到自己丈夫真实的样貌。

　　大多数的父母，不会刻意地把女儿推到危险的情境。对于男孩子，假如跌倒了也没关系，再站起来走就好；但对于女孩子，总是倾向要疼爱保护，限制她们的冒险尝试。然而这样做就会发生故事里的议题：女性因为对于人性的黑暗完全不了解而陷入险境。但反过来说，这样的黑暗，又是她们生命完整必然要面对的一环。父母总是希望女儿长得好、受好的教育、嫁给好人家，这样女儿就可以幸福地过完一生，这是存在于父母想象里的世界。但是这样的世界里，所有黑暗都没有被处理、被认识，就好像画出一条保护线，就奢望能够守住女儿待在光亮的一面，不让黑暗过来，也不让她掉下去。在这个故事中，那些一直在光明世界里、对黑暗一无所知的女孩，无法避免掉下去的必然，但面对诱拐、谋杀的课题，最后还要能活着走出来，才是这个故事会被一再传讲的原因。

生命的必要之恶

　　一场精心的谋杀案中找到了凶手，接下来我们最关心的就是受害者，为什么一个善良的女孩会被邪恶的巫师盯上呢？我们要来看巫师与少女的关系。从小就被保护得很好的女性，对于邪恶无所知觉，以至于落入恶质男性的掌握，在困境当中，少女必须一试再试，最后才能认识黑暗世界当中的规则，并且让男性力量缴械为自己所用，如此才能完整了一个女性发展的全貌。所以，巫师的出现像是恶魔降临，却是生命中的必要之恶。

　　在这个故事当中，巫师总是以匮乏的状态呈现，他需要乞讨或偷窃、借着虏获年轻的女性，从她们身上得到短暂的满足，这代表着他是无法自给自足的，虽然看似拥有很多东西，但这个阳性的存在是无法独自成立的。巫师总是慷慨地提供给女孩许多东西，可是也给她们考验，一旦女孩通过考验，巫师就失去力量，魔法就对她们失效。在潜意识的世界，并没有人世间的道德区别，也没有好坏的问题，生命中的恶、无知、空乏和索求都是相互依存、陪伴，相互乞讨与喂养的，一如女孩与巫师两者在心灵世界中相互依存一般。生命中遭受的痛苦和挫败，或许就像巫师对女孩子所释放出的邪恶，是女性在生命发展当中必须经历的。

当巫师站在乞讨的位置，总是会引发女性善良的动力。就像负面的阿尼姆斯之所以能被滋养，其实是女性自身允许的。当负向阿尼姆斯一直发声说："你就是笨啊！"女性内在有个部分愿意去接受，愿意去承接、认同，这一段负向关系的联结就被建立了。女性自我喂养了恶意的负向内在男性，容许和接受他持续地批判自己、否定自己、攻击自己，并且会无意识地去攻击别人。当一个人觉得自己永远不够好，也会使得身边的人非常辛苦，无意地就对外在的人产生恶意的攻击。

持续被喂养恶意的内在自我，一旦投射到现实世界，很容易会吸引到类似的人。例如被暴力对待的女性，有许多还是愿意留在这样的关系里，好像能够一直忍受这样持续的精神和肉体上的虐待，或许旁人会不解，为何受虐的状态可以持续下去？当排除了外在其他的种种原因之后，我们总是还要回到女性的内在心灵来思考：是否女性自身内在就有着一个巨大的、恶意的男性原则，与外在的恶质伴侣相呼应，联手将自己囚禁在关系的密室里？这个携带负向阿尼姆斯能量的人，不一定是生理上的男性，也可能是位极为强势的主管、超级严厉的权威者，或是有暴力倾向的伴侣。可以确定的是，会有一个受伤的女性心灵，总是觉得自己不够好，于是留在这个位置上不断接受负向阿尼姆斯的鞭笞与施虐。

果子尚未成熟

不断出现在故事中的作案工具是一个大袋子，也可以称作大背袋、大包袱。故事的开始，巫师拿着大袋子去掳获少女；故事的结尾，巫师还是背着这个大袋子把黄金和少女送回去。所以巫师背着的大袋子，除了能把人吞噬以外，它还占据了心灵的一部分。大袋子就象征着被强大的阳性能量束缚，它会占据你的内在，发出许多催促的声音，若你没有意识地顺从着它的声音去做，就会感到非常巨大的疲累。

阳性能量可以视作行动、思辨、厘清脉络、做出判断的能力，通过切割来看见差别、产生推动力，就像是拿着刀子或者斧头把乱七八糟的东西切开来、分清楚。而阴性的能量，是找到彼此之间的关联跟联结性，是产生流动性的能量。所以阳性与阴性能量有不同的特质，阳性能量若把情感性的流动切断，就如同人跟人之间的情感流动停滞了，人会变得越来越孤立，这种僵滞的力量越来越强烈，就会使人产生焦虑，会觉得"要赶快、赶快、赶快，赶不上了，来不及了，完了完了"。巨大的阳性会使人长期焦虑，催促着人要加快速度。

然而，女性比较具有季节的性质，时机尚未成熟就是不行：

怀孕期无法早早结束，就是需要十个月，就像果子时候到了才成熟。阴性特质是跟随、等待、以事物本身的节奏去完成，而阳性特质则是用意志力去推动事情的发展。阴性和阳性各自主宰了一个世界。如果阳性能量转变成负向性，攻击女性的特质、生活规律和心灵发展，我们会觉得被催逼，对事情的完成与时间的进度感到焦虑，没办法跟人产生联结。当生活的规律变成了必需，为了完成某件事而牺牲自己的情感，而我们却没有质疑的时候，就如同深陷魔法师的袋子里，失去与外界的联结，无力挣脱。

跨越生死的挑战

在希腊神话中，宇宙的来源是一颗蛋。蛋的样貌是很完整的，可以孵育出生命，代表孕育与创造的可能性，是宇宙开启的象征。也因为蛋的形貌具有完整性，所以也是自性的象征。西方的复活节，是象征春天复活的节日，名字源自最早期的古希腊的黎明女神厄俄斯。厄俄斯负责在每一年的年初，使黑暗的世界展露出第一道曙光，所以复活节的初始就是在庆祝每一年的寒冬退去，春天到来。人们会吃蛋，并让孩子到院子里找蛋，借此来提醒自己，生命的死亡与再生都是新的开始。蛋代表着所有的可能性，所以有着开启、完整、创造的象征。

在故事中，巫师给了每个女孩一颗蛋，并且要求这些完全没有意识地被黑暗世界所包裹的女孩，要好好地守护这个蛋，让它不可以被沾染。由于巫师的要求，巫师和女孩就产生了相互依附的关系，巫师所拥有的攻击与谋杀能量，有可能带着这个女孩走向完整的路。若是女孩没有通过考验，失去这颗蛋，弄破这颗蛋，或者蛋沾染到血的时候，就代表她失去了自性，失去了找回完整自我的路，就会被黑暗的世界所吞噬，没有能力重新回到光亮处。所以巫师给的蛋，对于女性来说，是个极有意义的挑战，每个女性都被赋予了这样的挑战，但故事里大部分的女性都失败了。

有些人可能会想"不去那个房间就好，这样蛋就不会脏掉"。可是精神的发展不会如此，就是会有个禁忌的房间，女性必须打开它。当巫师把蛋交给女孩守护，代表着黑暗的阳性力量，要求女性去保护生命创造的来源，不可以让它被污染。除此之外，巫师也给了女孩一把钥匙，特意说这把钥匙可能开启那扇禁忌的门，但告诫女孩千万不可以开！所以钥匙与蛋，对于渴望发展自己阳性能力的女性，都是一个心灵的挑战。

所有想要成为英雄的人都得面对生死的挑战，都有残忍的规则：你一开门就会死，或是开了门就会被处罚致死。所以这是攸关生与死、攸关能不能穿越死亡的挑战。精神世界里没有死亡，所以这里的死亡指的是破碎与结束。

开启潜意识的钥匙

钥匙是个开门的工具，能够开启空间，开启潜意识。许多人会梦到许多房间的梦，通常这代表着潜意识中各个不同的空间，这个房间装着负向男性，那个房间是正向男性，另一个房间是负向女性等。巫师给了女孩钥匙，允许她去探索每一个房间。当女孩拿到这把钥匙，她不可能呆呆地抱着蛋，不去探索这座美丽的房子，因为精神世界里就是会有动能，心灵的发展会促使我们去看见心灵的每一个角落。心灵的探索，就是要求我们打开眼前的每一扇门，去每一个地方看看。当门被钥匙打开，房间里的东西才能够进入意识，我们才能拥有并使用它。

房间里就算有很多东西，但若门从来没有被打开，门里的东西没有被认识、意识到，我们就没有真正拥有过。所以门是决定我们是否要去拥有的关键。而这里的课题就是：我准备好了吗？过去那些被杀害的女性，代表她们还没准备好就冲进去了，或者

完全不自觉地就打开门了；她们并不知道那是什么就走进去，所
以失败了。打开门也代表内在发展的历程，要在准备好的时候才
能开启。在自我探索的历程中，我们总是要提醒自己：不要太强
逼自己，当自己内在有个"我不要"的声音时，听从那个声音是
很重要的。

　　在内在发展的过程中，我们可能会经历"走近又离开，又走
近又离开"的历程，来来回回很多次，这是心灵工作里的反复性。
有时候在某个时刻，我们会觉得"我懂了、我明白了"，但是过
了两三个礼拜后，可能又变得好像不是那么清楚了。这种来回的
感觉，就像是窥见门内的某部分，但又不是全然地看见，还有其
他的部分等待打开。而在这个故事里的核心议题，是禁忌的房
间，不是其他允许进入的房间，那些可以进去的房间，进去几百
次都没有差别。这个禁忌的房间，点出了每个人生命当中都有个
最核心议题。每个人所拥有的房间各自不同，唯一相同的就是，
必须要进到最重要、最具有挑战性的房间里，才能达到生命的完
整性。

灵魂的断裂

无论男性或女性，都有可能因为无法抗拒的暴力、伤害而在自己心灵里产生了一种巨大的创伤，因而将自己生命的完整性给切割开来。

故事中巫师告诉女孩：你可以拥有全世界最好的东西，除了这个禁忌的房间。这就代表了生命的完整性被切割了，当我们完全服从于集体意识的价值的时候，我们就必须与个体中不适合集体价值的那块分离。集体性与个人性虽然不是互斥的，但是两者之间是有张力的。当人全然拥抱集体性、主流的价值，或者父母与权威的价值，就可能会发生自行截断精神肢体的情况，或许没有故事中这样惨烈，但如果必须放弃的部分是属于自己极其核心的部分，个体或许会遭到灵魂像是被攻击、砍杀，如同精神上的死亡。这样的人表面上生活看起来是没问题的，但是在精神上已经被切割、被谋杀了。

柔软流动的身段

即便这个谋杀是残忍的、难以逃脱的，但有个女孩成功活下来了。有趣的是，这是个不乖的、调皮的女孩，巫师叫她好好保管着蛋，可是巫师一走，她就把蛋放好，到处去玩。她不像前面的女孩那么乖巧听话，她狡猾又聪明。狡猾也可以视作创造力的展现，女孩想出许多好方法骗过巫师，例如她把自己变成鸟，用花装饰骷髅头，还把两个姐姐装在大袋子里，要巫师带回去给她的爸爸妈妈。她不停地使用属于女性的聪明，善用创造力、伪装、谎骗、变形来与负向男性过招，保护自己全身而退并拯救了姐姐。

若是男性的故事，英雄就会迎上前去进行硬碰硬的抗争，但在这个属于女性的故事里，她使用欺瞒、变形、伪装的方法来让人看不清楚。这是女性的方式和特质，她不直接去和阳性力量对抗，她不会直接上前去说："你错了！"而是闪躲掉攻击，用柔软的身段找到流动的能量，穿过强大的攻击和险境。一旦她通过测试和考验，巫师的魔力对女孩就没有效果，失去控制力了。反过来，女孩要巫师做什么，他都得去做。

受到负向阿尼姆斯影响，女性习惯性地自我贬抑，无法相信自己。然而，当女孩开始转变，她会发现自己没有那么糟，不像别人讲的那样不好，这个时候负向的阿尼姆斯就开始失去力量。当女孩把钥匙和无损的蛋交还给巫师时，她就通过了挑战。女性没有自信，不是因为她从未完成过什么，而是因为她太相信那个贬抑自己的力量了，而当她战胜了挑战，决定不再相信那个声音，离开声音的来源，那个声音就再也不能影响她了。

女性自我意念的翻转，来自我们开始辨识到负向阿尼姆斯的声音，不管声音来自内在还是外在，我们开始质疑它，发现自己过去太相信老师、父母、朋友，以及所谓的成功人士。每当看媒体报道有关成功人士的故事，总是让人发出赞叹："这个人好厉害，怎么能这么棒！"那些报道里充满了男性标准，外在的价值会塑造我们内在的阿尼姆斯，就会开始想："或许我必须要像那个样子才是够好的？"于是我们会质疑自己、贬抑自己，以至于不相信自己，也无法分辨和知道这其实是负向阿尼姆斯在作祟。

但相反地，当我们开始质疑这样的声音，负向阿尼姆斯就失去力量，因为我们开始听懂它在说什么。有时候来自朋友的提醒："你怎么总是这样否定自己啊！"让我们看到，原来负向阿尼姆斯在这里，并且不停地说话；当我们意识到并穿越它，它的力量就消失了，还能反过来让它为你服务，为你所用。阿尼姆斯事实上是很有力量的，是帮助女性进入社会很重要的桥梁。荣格分析师芭芭拉·汉娜认为，女性要进入现实社会需要阿尼姆斯

的帮助，它能够帮助女性扮演好一个社会性的角色，成为自己想
要被其他人认可的样貌，只是我们要能意识到它的负向力量。

往完美的方向移动

　　故事中有三个姊妹，唯有最小的妹妹通过了考验。三个姊妹，
我们可以视为同一个人的不同部分，数字3就是多的意思，多到
不用再算了。3也代表重复，例如我们常会在拍照按快门之前说：
"1、2、3……，1、2、3……"3是可以不断重复的，很像是走
出去，再回来，然后再继续走出去；3也有一个移动的内涵，3
接下来就是4，荣格认为4是神圣的数字，代表着完整，例如东
南西北就形成了完整的方位。所以故事的结束是完整的、代表着
完美的，三姊妹的3代表着女性能量朝向完美的方向移动的动能。
三姊妹试了一次又一次，第三次终于完成了面对与克服女性心灵
为负向阿尼姆斯谋杀的议题，完成让女性意识完整的任务。

　　最后金子被背回家，就象征着女性成功了。因为金子的意象，
是珍贵的物质，代表神性自我。故事中的大袋子，原本是用来吞
噬女孩的，到了最后却用来运送女孩回家，而且运送她们回家的

时候，她们已经可以发声："不要停！"当女性的声音可以发出来，代表她们已经找到自信，已经可以行动了，代表着有个清晰的我，跟真我联结在一起。女性不需要是个完美的人，只要知道自己的强处，运用自己的分辨和逻辑能力，产生行动力、发挥能力和智慧，于是就可以发出声音。

纯白的费切尔的怪鸟

童话诠释里有个重要的原则，就是我们会注意到故事的名字，为什么故事被称作为《费切尔的怪鸟》呢？格林童话的作者格林兄弟为此特意批注，费切尔的怪鸟是来自冰岛的鸟，羽毛是白色的，纯白的程度几乎跟天鹅一样，所以费切尔的怪鸟有着白色、羽毛、水、鸟的象征意义。而在故事的尾声，女孩自己跳进蜂蜜罐，将自己沾满羽毛，扮成一只鸟。

在古老的欧洲有种传统的处罚，当女性被抓到有奸情的时候，会把她的衣服脱光放进沥青当中，并沾满羽毛，为的是要以扒光示众来惩罚她，但又不要太暴露。而这个故事的情节和这个传统处罚非常相似，不同的是，女孩在桶子里沾满金黄的蜂蜜，而不是黑色的沥青。而且这里有个女性的反转，蜂蜜是女性沾在自己身上的，代表外遇与奸情象征的其实是女性情欲的发展。在过去很长的时间里，情欲是被男性价值所规范、限制、不被允许的，但在这个故事里被悄悄翻转了，女性不再遵从男性的规范，而是主动去跳进桶子，自己去沾满蜂蜜。情欲的象征从沥青那个黑色的、恶臭黏腻的，变成金黄色的、香甜的蜂蜜。女性身上沾满象征情欲的蜂蜜，于是她能够变装，用女性的智慧去面对黑暗的攻击，也就能够化身为美丽的鸟，白色的费切尔的怪鸟。

《费切尔的怪鸟》带着我们看见女性转变的历程。本来女孩没有名字，她出身于无名的家庭，只是个普通的女孩而不是公主。但她穿越黑暗，发展自己的情欲，通过转变成了美丽的白色水鸟，这里的纯白拥有非常超越的意象。女性的转变，是穿过如血盆般可怕的谋杀而来，历经黑暗后归来的女性拥有了属于自己的智慧与力量。

第 5 章

荆棘开出玫瑰花：
睡美人

超越时间直指深处

　　《乌托邦》的作者托马斯·莫尔曾说："通过故事循环，反复咀嚼经历，在不断的讲述中，发现更深层的含义。讲故事是陶冶心灵的好方式，帮助我们发现生活中循环出现的主题——那些深刻的、揭露人生迷思的主题。"童话是既收藏又展现人类心灵发展历史丰富面向的载体，流传久远，充满着象征的故事，不仅牵引我们经历和穿越一个个险境、神秘难测的深林、水域、高山，遇见不可思议的动物、自然与精灵，以及遭遇随时可能翻转的惊人情节，故事也能带着我们深刻领会时间与集体的传承。

　　集体无意识是人类文明与自然环境的总和，这个总和并非一蹴而成，而是经由时间之河的冲刷，过往的人、事、物不断地堆砌出一层又一层的集体记忆，心灵深处就是祖先之地，其中有荣格学派看重的历史与传承。当我们面对时间所冲刷出的刻痕与其所代表的"当世"形成联结之后，我们可能会感受到一种超越的体验。比方说，走进博物馆或美术馆，我们可能会被一件存在了千百年的作品所吸引，凝视的瞬间，我们会感受到一种心灵的同在与无时间差的永恒。自我被集体无意识所捕获，卷入一个洪流般的传承里，感受到与之一体、与所有人类加总的生命经历共振。这经历会让我们深刻明白，时间并非线性的存在，日出日落、春去秋来，无尽循环的永恒同在，才是心灵的真实。

《睡美人》是一个非常古老的故事典型，早在 10 世纪就有口传版本，1300 年前后出现法文版，1528 年出现纸本版。键入"睡美人"这三个字，可以在网络上找到无数不同的语言与各种情节。1636 年的意大利文版和 1697 年的法文版，是我们现今耳熟能详的版本的源头。这个章节使用的是删减改写过的版本，被收录于《格林童话》第六版的《玫瑰公主》。《格林童话》总共增修七次，多次修改是有原因的。格林兄弟起初并未料到这些童话会如此受欢迎，所以故事越收越多，从德语区扩大到非德语区；也越修越干净，以符合读给小孩听的标准。《睡美人》这三个字，从题目就可以推知这是个关于美人在睡觉的故事，但它在《格林童话》里叫作《玫瑰公主》，意味着故事还有另外一处重点，就是荆棘和玫瑰。

LITTLE BRIAR-ROSE
睡美人

很久很久以前，国王和皇后一直没有孩子，为此伤心苦恼。有一天，皇后在洗澡，一只青蛙跳出水面对她说："你的愿望就要实现了，不久你就会生下一个女儿。"

过了一段时间，皇后果真生下非常漂亮的女儿。国王高兴得不得了，为此举行大型宴会，不仅邀请亲朋好友和外宾，也决定把王国里面所有的女巫师都邀来，让她们为他的女儿送上善良美好的祝愿。王国里一共有 13 位女巫师，但是他只有 12 个金盘子可供用餐，所以他邀了 12 位女巫师，留下一位没有邀请。

盛大宴会结束之后，所有来宾都送给小公主最好的礼物。一位女巫师送给她美德，另一位送给她美貌，还有一位送给她富有……女巫师们把世人所希冀的、世上所有的优点和期盼都送给了小公主。但是，就在第 11 位女巫师送上祝福之后，第 13 位女巫师走了进来，她对于自己没有被邀请非常愤怒，打算献上恶毒的咒语作为报复，所以她大声喊叫："国王的女儿，在 15 岁时，会被一个纺锤弄伤，最后死去。"

在场的人都大吃一惊，这时，还没有献上礼物的第 12 位女巫师走上前来说："这个凶险的咒语确实会应验，但是公主能够化险为夷。她不会死去，但会昏睡，昏睡整整一百年。"国王为了防止女儿遭到不幸，下命令没收王国里所有的纺锤，并下令悉数销毁。随着时光流逝，女巫师们的祝福都在公主身上应验了：她聪明美丽、性格温柔、举止优雅、人见人爱。公主15岁生日那天，国王和皇后都不在，公主一个人在皇宫里走来走去，大房间小房间都玩完了，最后来到一座老旧的塔楼，塔楼里有条蜿蜒而上的狭窄楼梯，楼梯尽头有扇门，门上插着一把生锈的钥匙。公主伸手转动那把钥匙，门一下子就弹开了，里面坐着一位正忙着纺纱的老太婆。公主说："老妈妈您好！您这在做什么呀？"老太婆回答说："纺纱呀。"

公主指着从来没有见过的纺锤说："这小东西转起来真有意思！"说着说着，公主也想上前纺纱，手才碰到纺锤，立即就倒在地上失去知觉，第13位女巫师的咒语应验了。

然而公主并没有死，只是倒在那里沉沉地睡着了。此时，从外面回来，刚走进大厅的国王和皇后也跟着睡着了；马厩的马、院子的狗、屋顶的鸽子、墙上的苍蝇，也都跟着睡着了；甚至，火炉里的火也停止燃烧，烤架上的肉也不再吱吱作响；厨师抓住一个做错事仆役的头发，正要给他一耳光，叫他滚出去，连他们两个也定在那儿睡着了。一切都动也不动，全部都沉沉睡去。

不久之后，皇宫四周长出了一道由荆棘组成的大篱笆，年复一年越长越高、越长越密，最后竟将整座宫殿都完全覆盖了。玫瑰公主的故事开始流传，传说中有位国王的女儿，漂亮的公主正在荆棘掩盖之处沉睡，故事吸引了不少王子前来一探究竟，他们披荆斩棘，试图穿越树篱走进皇宫，但都没有成功。他们不是被荆棘缠住，就是被树丛绊倒，仿佛被无数只手牢牢地抓住，完全无法脱身，最终痛苦地死去。

好多好多年过去，某天，又有王子来到这里。一位老爷爷向他提起荆棘之内有座漂亮的皇宫，皇宫里有位美丽的女孩，名字叫作玫瑰公主，她和整座皇宫都睡着了。老爷爷还说，他曾听他的爷爷谈起许多的王子都来过这儿，都想穿过树篱，但都被缠住绊倒了。听到这里，王子说：“这些都吓不倒我，我要去看玫瑰公主！”老人劝他不要试，可他却坚持要。

这天，恰好过了一百年，当王子来到树丛时，他遇见的已不是荆棘，而是开满花朵的灌木，轻轻松松地就穿越了，刚走过，他身后的树篱又密密地合拢。当王子抵达皇宫，院子的狗沉睡着，马厩的马沉睡着，屋顶的鸽子把头埋在翅膀下沉睡着；当他走进皇宫，墙上的苍蝇沉睡着，厨房的厨师举起手正要赏仆役一个耳光，女仆手里抓着一只准备要拔毛的黑母鸡。

王子继续往前走，一切安静得出奇，连自己的呼吸声都听得到。最后，他来到古老的塔楼，沿着楼梯往上走，推开了那扇门，看见玫瑰公主睡得正香甜，那么美丽动人，王子瞪大眼睛，眨也舍不得眨，看着看着，忍不住俯身吻了她。就这一吻，公主醒过来，睁开双眼，微笑看着眼前的王子，于是，王子抱着公主，一起走出塔楼。

就在此时，国王和皇后也醒过来了，皇宫里的一切都醒过来了。他们怀着好奇左瞧右瞧，搞不清楚到底发生了什么事。马儿站起来，摇摆着身体；狗儿蹦蹦跳跳，汪汪吠叫；鸽子把头从翅膀下抬起来，四处张望了一会儿，振翅飞向田野；墙上的苍蝇，嗡嗡地飞开；炉子又蹿出火苗，烤架上的肉吱吱作响；厨师怒打仆役一个耳光；女仆继续拔鸡毛，一切都恢复了往日的模样。最后，王子和玫瑰公主举行了盛大的结婚典礼，从此过着幸福快乐的生活，直到永远。

公主彻夜未醒

虽然是童话，睡美人呼应了一个更古老的神话，有关女孩进入地底，于是地表万物停止生长的故事。希腊神话里，大地谷物之神德墨忒尔之女珀耳塞福涅被冥王掳到地底，遍寻不着女儿的母亲伤心欲绝，使得谷物凋萎了无生机。后来，在众神的协助之下，珀耳塞福涅终于可以离开地府，但就在离开之前，她被诱骗吃了七颗石榴籽，于是一年之中必须回到地府三个月（亦有一说为六个月）。这是希腊神话中有关四季的由来，当女儿进入地底，是大地死寂的冬季，当女儿回到地上世界，妈妈开心极了，于是万物也跟着春暖花开、欣欣向荣。

西方神话不乏这类把女性放入阴暗之处的情节，为了某些缘故，女性必须进入一种类似沉睡或死亡的状态，然后又苏醒过来，在德墨忒尔与珀耳塞福涅的神话里，如果没有被冥王诱拐掳掠，珀耳塞福涅永远只能作为妈妈的女儿，一旦被抓到地底，成为地底冥王的女人，也就变成了冥府之后。尽管母亲对女儿的情欲发展极为抗拒，伤心欲绝，可是年轻女性被男性诱拐却是情欲爆发常见的一种隐喻，显见这个进入地底的景象，在女性性能量的苏醒、开启与掌握是极有意义的关键。

我们的传统里也有女孩消失然后再出现的故事，明朝汤显祖笔下《牡丹亭》（又名《还魂梦》）的主角杜丽娘就是一例。大家闺秀杜丽娘，在梦里与美男子柳梦梅相遇并交欢，醒来以后，知道自己不久于人世，交代家人把自己埋在梅树之下，等待柳梦梅的出现，后来杜丽娘死而复活，有情人终成眷属。只是《牡丹亭》里的杜丽娘的死亡、沉睡与进入地底是不一样的指涉，它不是任情欲发展而是将情欲封存，以死亡的方式在地底等待被唤醒。在中国文学里指出传统社会对自发的女性情感、欲望，仿

佛必须以死亡进入黑暗地底处理。年轻女性的春思是一种禁制，
情欲必须被封存，进入沉睡，等候适当时机再出土或苏醒，这
与睡美人的故事有近似的主题，不管生命的欲望需要在暗处方
能滋长如德墨忒尔神话，或是需要被放入地底才能保存如《牡丹
亭》，女性在发展情感欲望的历程中都可能经历死亡与等待重生
的过程。

　　《睡美人》之所以能够广泛流传，可能正是因为它触碰了女
性沉睡与苏醒的原型，这样的"下降"意象，是另一种普遍的女
性经历，就是生命力停滞。有些女性在生活的各个层面完好地扮
演了妻子、母亲、员工的人格角色，可是却觉得无法从那些倾其
一生所付出的角色中得到成就感与满足感，觉得生活没有趣味，
所以需要四处寻求新鲜感，旅行、美食或许是最容易的，但是鲜
活的感受稍纵即逝，忧郁无趣则成了生活的主调，家人、孩子常
会觉得她们难以取悦。这其实也是女性生命力沉睡的一种状态，
我们不禁要问，有多少以忧郁病症为生活主调的女人其实正是隐
性的睡美人，她们活跃的生命被封在精神地底世界或是荆棘满布
的城堡，或许这正是女性在世界各个国家都是罹患抑郁症的主要
患者的原因，因为女性集体的心灵仍未苏醒。

青蛙善于传话

故事一开始，国王与皇后是一对幸福的夫妻，可是没有孩子，一直盼望着可以得到孩子。这个开场，指出了一个缺乏的状态，一个需要经由等待与孕育才能创造出来的新生命，被赋予高度的期待。

在某些版本里，是由鱼来宣告小孩即将出生的消息，在《格林童话》里担任起这个任务的则是青蛙。青蛙是两栖动物，可以在水里，也可以在陆上。水经常被视为潜意识的象征，刚开始接受心理分析的人，常常会梦到水，好比跳进水里游泳，或者一波波的浪在眼前涌现，或者水一直涌上来漫过全身，象征着潜意识的内容推挤着往意识靠近。

青蛙有生殖与性的象征意义，因为它繁殖能力极强，一次可以下很多颗蛋；青蛙还善于变形，从小小的蝌蚪可以转变为四只脚的青蛙；青蛙的脚掌有点像小孩，象征着人类意识尚未发展完成的状态。在西方的故事里，青蛙经常在女巫脚边跳来跳去，调配魔法的锅里也总少不了一只晒干的青蛙，所以它也有邪恶的内涵，或者代表从潜意识冒出来的某样东西。

作为陆地与水生的两栖动物，青蛙代表了可以在两种状态里来去自如的传信者，如同通信官，所以在童话里扮演捡金球，或者前来跟王子或公主报信的角色。《睡美人》故事里的这只青蛙，从潜意识里捎给皇后一个信息："你的愿望就要实现了，不久你就会生下一个女儿。"公主的诞生，可以被视为新的阴性特质被创造出来、被热烈欢迎。国王跟皇后是掌管王国的大老板，代表着人内在心灵中掌握主控权的价值系统，"男性的"和"女性的"两位老板决定我们该按什么样的准则生活，让我们清楚知道什么是对的，什么是错的，什么是社会允许、他人赞成的行为与价值，国王与皇后，就是地面意识的两位主宰，他们知道王位需要传承，所以期待公主的诞生，公主代表着一股新的阴性能量将要从人类集体无意识里现身。

被忽略压制的13

欢乐开场，被期待的孩子如愿诞生，也获得礼物、祝福与赞美，但如果只是这样，就无法成就一个好故事了。冯·法兰兹提醒我们特别留意童话里的数字，《睡美人》是一个12加1的故事。12这个数字，让人想起12个月、12星座、12生肖，以及手表或时钟上时间的刻度。12 给人一种走完一圈的圆满印象，一旦一切走完了且圆满了，就没有再前进的动力了，难免会感觉停滞，但是生命需要继续前行、继续传承，所以需要来自 13 的动能，如果不是第 13 位女巫负气出现，《睡美人》这个故事根本无法存在，那么，这位主角 13 到底是谁？

在一切完美的世界里，谁被我们忘记了、忽略了？跟其他女巫师同为智者与疗愈者，为什么第 13 位女巫师没有得到同样的重视，获邀参加盛大庆典？在我们以为已经发展得很完整的女性内在，她代表了集体阴性心灵当中被摒弃的面向。

冯·法兰兹曾说，当故事里某位神祇被遗忘，就代表个人或集体心灵的某个部分需要却没有被看到，我们不妨称第 13 位女巫师代表的是"被遗忘的女神"。她是一股被集体人类心灵忽略或者被社会文化压制的女性能量，因为我们总是把关注放在那 12 位女巫师身上，邀请她们、发展她们而遗漏了第 13 位的存在。我们可以说这个遗忘就如同米歇尔·福柯所说的"文化规驯"，社会的权力结构对个体的塑造，12 位女巫师与被排除的那一位结合起来，就形成了父权社会对女性刻意的规范驯化，确立了何者纳入、何者排除。当第 13 位女巫所代表的能量被忽略、被压制达到一定程度，她会现出对压抑的反扑与对抗，要求祭献、要求被注意。

"你没有邀请我，所以我要惩罚你！"第 13 位女巫师如是说。

惩罚的方式是让女孩碰到纺锤，然后受伤之后死去。纺锤这东西，长长的、尖尖的，一旦碰到会刺出血。诅咒被设定在公主15岁生日那天生效，15岁的公主，正好进入青春期，月经来了，性交与怀孕变得可能，女孩进入成为女人的阶段。出血与受惊，然后被放倒沉睡，就是第13位女巫师给予的惩罚。刚刚可以进入性与女人的阶段，就被禁止、关闭与沉睡，这个故事有一种理解是，把这位被遗忘的女巫当作被女性忽略的"身体与性"。所以，《睡美人》不仅经常被荣格学派引用，也很受弗洛伊德学派喜爱。

阿尼姆斯附身

除了关注公主、关注女性的身体与性，我们可以把第13位女巫师看得再仔细些。她的内在状态发生了什么？为什么要给出这样的惩罚？从故事情节的发展路径来看，这位女巫师起初是因为被忽略、被排挤，变得失望，出于怨恨，感到苦楚，转而愤怒，于是说出了咒语，我们几乎可以感受到被压制、被遗忘的情绪逐步在她的身体里形成酸楚的情感。

冯·法兰兹曾提出一个观念：当集体女性能量被压制的时候，

个别女性也无法顺利地发展成完整的女性。换言之，当女孩不被允许以活泼且流动的方式自然长成女人，这个理所当然、自然而然的路径被压制了，心灵里原本该由阴性特质填满之处出现了一个空洞，这个空洞会被其他的心灵能量侵占。冯·法兰兹认为，当女性自我被压制，阳性能量就会乘虚而入，掌控原本该由阴性能量主导的女性自我样貌，她把这个女性被男性能量占据的现象称为"阿尼姆斯附身"，意指成年女性心灵里被压倒性的阳性动能主导了她的思考与行动。这样的心灵结构下发展出的成年女性人格，还是可以读书、工作、做事，但是那里面总是带着一种酸楚的滋味。《睡美人》里第 13 位负气的女巫师，跟常见宫廷戏剧里互斗的后宫女性相同，她们的人格被黑暗的阳性能量所扭曲，以多年媳妇熬成婆的姿态对年轻女性狂吼："因为我被排挤，所以要惩罚你！"

女神的复仇多半像是大自然的反扑，有吞噬的力量，宛如地震、泥石流或者大海啸。第 13 位女巫师酸楚到了极致，转化为一种极为黑暗的吞噬："你这样忽略我，我一定要报复，我就是要你死！"童话提醒我们，集体心灵里面就是有这些黑暗的存在，就是无可回避，即使大家在一起日日是好日，这些被忽略压制的势力还是会现身，以无可忽视的力量反扑。

既然无可回避，就挺身相向吧，因为推动着《睡美人》故事发展的，以及在我们真实人生催逼出新的可能性的，正是生命里的那些残缺、痛苦与酸楚。

漫长沉睡宛如死亡

第 13 位女巫师发出的诅咒太强大、太黑暗，无法取消，只能转成百年沉睡取代。希腊神话里，死神塔纳托斯是睡神修普诺斯的兄弟，漫长的沉睡宛如死亡，我们可以把故事里的沉睡与死亡等同看待。

荣格学派分析童话的脉络与梦的分析一样，童话中每个场景、人物与意象，都可以视为主体内在精神世界的某个部分，所以当故事出现死亡，无论死的是主角本人还是其他角色，其实都指向主体某个面向的死亡，只是角度或内涵不同。《睡美人》故事里的死亡与沉睡，仿佛提示我们，内在心灵的某个部分被忽略或被压制，被我们推挤到另外一个又暗又深的世界里去，如同死亡或沉睡了。这个推落、倒下与埋藏发生在 15 岁，青春期，原本是生命力初发、萌芽、激昂发展的时期，然而这个诅咒却压制了它萌发，使它沉睡或死亡。

青春期代表性能量的萌发，身形改变、毛发长出来、月经初潮，加上纺锤的意象，我们可以解读《睡美人》是一个关于年轻女性正要自由发展阴性爱欲特质的时候，被一位巨大、酸楚且长久以来被忽略的年长女性所压制，进入停滞，直到代表阳性能量的王子出现，才得以复苏的故事。

可以以此说明许多小女孩进入青春期的改变，曾经也跟男同学一样活泼好动，打球、跑跳、喊叫，充满了活力与自信，但是一旦进入青春期，突然就变得安静，那些活泼的、流动的、自发的特质消失了，她还是每天去上学，但是那个主动迎向未知与兴奋地投入世界的动能降低了，好像能量收缩起来，从此进入一个被动的状态。

这个现象，跟青春期女孩对于自己迸发的爱欲本能，和对这个汹涌力量的恐惧有关。爱欲不只是在关系里发生，也是一种自我发展与创造的能量，女性青春期的自我发展在此达到一个关键点，集体性价值介入了女孩在自我确立与被爱关系的冲突里，而来自家庭、学校、媒体与社会的教导训诲也在推波助澜，于是沉睡成为许多女性在青春期抗拒内在迸发的应对方式，原本嚣张的、突出的、大胆的，慢慢变得安静、沉默、随和，让男生往前排去，自己在后排当个乖女孩、乖学生就好。这样的女性长大之后，也常会习惯性地觉得应该帮助所爱的男人成功、发光，自己做副手就好，会习惯性地说"我不要！我不会！我没有能力"或者"他比我适合！我可以帮他"。

　　在进入成年的那个时刻，女孩的部分自我进入了沉睡，这是
我们从童话故事里可以得到的，关于女性自我发展停滞的洞察。

刺

　　在人类历史上纺织通常是属于女性的工作，希腊神话中的命
运三女神，一位纺纱，一位丈量，一位剪断；在中国有牛郎织女
的故事，在天界纺织也是女性的责任；台湾的排湾族织女们织出
来的布巾，是用在迎接诞生、结婚欢庆和死亡葬礼三个最重要的
生命节点上。女性与编织的关系至关重要，它不只是女性务实的
功能，也是女性守护生命与灵魂发展的象征。但是纺锤的尖锐却
有很强的男性意象，在编织的过程里，具备阳性象征意义的纺锤，
被用来穿梭与创造，是把线织成布的关键，也就是说，虽然是女
性在纺织，象征着女性的自我发展历程，仍需结合阳性与阴性的
元素才能完成。

　　纺锤的尖锐作为负向男性能量的象征，伤害了好奇的年轻女
孩，所有关于女孩的事物都进入沉睡，只有一样东西猛烈地生长
出来，这是取代原有的生命动能，另一个尖锐扎人的玫瑰之刺。

玫瑰让人联想到爱情，西方有句形容爱情的俗谚"玫瑰必有刺"。刺，就是爱情必要的东西，有时候，男性被女性的特质刺到了；有时候，女性被男性的特质伤到了，情人之间的争吵，就像有刺的玫瑰，没有刺的玫瑰就不像玫瑰，没有伤的爱情就不是爱情。《睡美人》里的公主被封在玫瑰荆棘树丛深处，这个意象在故事里的重要性仅次于被轻视、被压制的女巫师。

被玫瑰荆棘团团围绕的公主，究竟呈现什么样的女性特质？我们有时会说"这句话好刺人"或者"这个人好多刺"。有些人的性格，就像玫瑰荆棘，她们很敏感，甚至自以为心思细腻，但那个过度敏感的性格经常带给身边的人极大压力，跟她们相处，必须战战兢兢、小心翼翼，因为害怕无心的言语会伤到她们，而她们确实也很容易感觉受伤，一旦受伤，就会升起如同玫瑰荆棘般的防护罩，充满了攻击性。如果把这种互动发生在爱情关系里，即便知道对方内在是善良、美丽、温柔，可是那些因为过度敏感而随时可能被激起的攻击性，终究还是让人退避三舍，说出"这个关系就算了吧，虽然她很美丽，但实在太敏感，心思太难懂，太难取悦了"之类的话。就像《睡美人》里公主的刺变成了一种暴力，那些想要进去拯救公主的王子，全都被玫瑰荆棘给刺死了，然后公主只能继续沉睡在玫瑰荆棘树丛之内。女孩的阿尼姆斯能量是带领她进入世界，发展自我的必需动能，它有着爱欲的创造性特点，在《睡美人》里，我们看到被封存的爱欲，纺锤的创造力变成玫瑰的荆棘，在关系中刺伤对方，强迫自己武装起来，此时阿尼姆斯的样貌极其凶恶，成为女性巨大的负面人格特质，一个刻薄、刺人的防卫机制。

环顾周遭，我们总不难发现"玫瑰公主"。她们常常会说："大家都不知道我的内心有多么孤单，多么渴望，我需要别人的爱和陪伴！"但她的外在却像玫瑰荆棘，发展出极度敏感的特质，以及伴随而来的巨大攻击性。在女性个人成长的路上，我们终究还是要回去找到那个刺的源头，弄清楚自己到底在何处受了伤，以至于要长出这么厚的荆棘围篱，把所有的人挡在外面，甚至逼上绝路，但自己却仍被困在其中孤单寂寞，被迫继续沉睡百年。

王子什么也不用做

读完《睡美人》的故事，有人可能会感到不解，因为最后这位王子好像什么也没做，刚好在百年期满时，荆棘树丛就为他打开，然后王子走进去吻了公主，之后一切就幸福美满了。因为这本来就是公主的而不是王子的故事，重点在于如何发展女性内在完整的真我，而王子的无作为也在告诉我们"不是不报、时间未到"。在此之前，用再大的力气也砍不断层层包覆的荆棘树丛，阳性力量什么也不能做，一定要等时间到了、阴性能量准备好了，花就会盛开、荆棘就会让路，邀请有耐心、愿意等待，以及适合的阳性能量进来。

在关系里，等待是重要的，守在旁边、不冲撞，时间到了，外层的围篱就会自动脱落；在个人内在转化的历程里，等待也是重要的，当我们往内看得够深刻，找到被割伤、长出刺的源头，然后给出时间与空间，安静等待，直到某个时刻，包覆于外的荆棘就会脱落，从内绽放的玫瑰就会出现。

现在女性都认识自己内在的阳性能量，职场升迁、事业有成，靠的就是意志力、纪律、毅力、有秩序的阳性动能，但是这个阳性却始终没有与内在沉睡的公主、未被发展的阴性能量相遇。这个相遇，在《睡美人》里需时一百年，在真实人生里，女性要从与外在事物拼斗转向寻回来的路，跟内在那位众人期待、受到祝福、接受献礼、拥有所有美好特质的公主重新相遇，从此过着幸福快乐的日子，需要的不是外面的王子，而是时间、洞察以及耐心。

母亲的暗面

　　用另一个角度，我们可以将《睡美人》解读为一个女性能量沉睡与复苏的故事，从其中的主要情节与人物女巫师、玫瑰与荆棘的意象可以明显看出，这里面隐含着女性惩罚女性，或许可以被称为自恨或厌女的内在纠结。冯·法兰兹曾问：我们为什么如此排斥或抗拒女性特质？这些排斥或抗拒究竟从谁那儿学习或承接而来？答案明显地指向我们的母亲、我们的母性传承。

　　常听人说起苛刻的婆婆与委屈的媳妇，这些婆婆明明也曾经是别人的媳妇，为什么当了婆婆之后却不能将心比心？《睡美人》告诉我们，受伤的、愤怒的母亲，会带出女性的阴暗面，以之压制女性的发展，我们甚至可以说，这就是一场女性之间传承的战争，放在婆媳关系里，此刻被压制的媳妇正是当初被驱赶、排斥的自己；放在自性化历程里，被压制的女性和被封住沉睡的女性，就是女性自我认同的负面内容。经由母女代代传递的负向信息，对女性特质的否认、排斥与压制，在我们发展成为完整女性的路上，内在有时候会出现的负向母亲，就像那位受伤的女巫师，因为被忽略，突然跑出来惩罚自己，以致这个受伤与惩罚、惩罚与受伤反复发生在我们的内在。

《睡美人》故事里 13 个女巫都是母性原型，其中大多数是正向的，只有一位代表母亲的负向性，她代表一位女性特质被轻忽与被压制的集体母亲，又把这个有所缺损的自我认同传给了集体女儿，这是人类集体意识发展的过程里女人必须共同面对的议题，将自我的创造力投射给身边的男性，或是让受伤的阳性能量占据自身，成为易怒、带着恶意的女性，都无法解决女性无法成就完整自身的问题。这时，我们需要的不是被外在的白马王子拯救，而是内在阳性能量的帮忙。领会了，体悟了，时间到了，藩篱卸下，繁花盛开，阿尼姆斯走进来，亲吻公主，唤醒了沉睡百年的阴柔特质，让女性的自我完整。

婚礼意味着生命内在的阴性与阳性两极终于相遇，终于完整，终于契合。王子与玫瑰公主的盛大婚礼，让《睡美人》欢乐收场，百年荆棘，换来"从此过着幸福快乐的日子，直到永远"。永远幸福快乐，只在童话故事里存在，但我们对于完整自身生命发展的渴求，就是如玫瑰般美丽的永恒盼望。

第6章

走进黑森林：美丽的瓦希丽莎

《美丽的瓦希丽萨》是一个俄国童话故事，情节近似我们熟知的《灰姑娘》。20个世纪的童话研究曾追溯《灰姑娘》的源头，发现全世界至少有460多个不同版本的类似故事，可见这里有个极为重要的原型，从不同的文化土壤里探头，发展成为各地的传说。最出名的，还是《格林童话》的版本，所以我们不妨就把这个原型称为"灰姑娘原型"。

　　当我们想到《灰姑娘》仙蒂瑞拉的故事，普世皆知的图像就会浮现于脑海，好比继母、坏姐姐、神仙教母、善良女孩辛苦工作、王子锲而不舍地寻找、水晶鞋、南瓜马车、子夜十二点的逃离……这些千百年不变的原型，是让这个童话拥有强大影响力的秘密武器，它汇集了众多心灵元素：首先，它具备爱情的元素，浪漫的邂逅、华丽的舞会，故事结尾以盛大的婚礼宣告了公主和王子永恒的幸福。其次，它呈现重要的孤女原型，如果没有邪恶的继母，以及两位又笨又丑、心肠又坏的姐姐，衬托不出灰姑娘的无依无靠却仍坚持善良的特质。

　　《灰姑娘》广被文学与心理学领域引用，正因为它精准捕捉女性心灵的众多面向。如果我们把故事心理学化，《灰姑娘》里的每个角色、每个元素与每个情节都是为了协助女性内在的发展。女孩尚未被发掘的真我，就像仙蒂瑞拉仍被煤灰覆盖，少了继母的恶意与姐妹之间的竞争，童话故事无法展开，女性的自性之路也无从显现。换言之，如果不能面对、接纳精神世界里的继母与姐妹，内在的工作也无法开展。

　　基于两个原因，我选了俄国版本的《灰姑娘》。第一是因为《美丽的瓦希丽萨》描述了女性心灵发展里重要但困难的面向：母女关系。女儿与母亲的相同性别，是女儿发展自我认同上最亲近的关系，传统的社会里，年轻的女孩容易依循母亲的教导建立起稳定的自我形象，反之要对抗母亲发展出独立自我的女性意识则相对困难，如果不是母亲有巨大的缺陷，分离与独立发展从来不是女性自我之路。《美丽的瓦希丽萨》讲了一个必须要与母亲分离与获得不同女性智慧的故事。第二是因为故事里有一个女性的智者芭芭雅嘎，她代表了家庭系统之外的女性智能，需要离家寻找才能获得，这对应了女性发展真我的必经历程。

女巫芭芭雅嘎

《美丽的瓦希丽萨》里有一个女巫芭芭雅嘎，她经常出现在俄罗斯或北欧的童话故事里。芭芭雅嘎的样貌很丑，牙齿是铁做的，食量很大但骨瘦如柴，所以也被称为"瘦腿如骨芭芭雅嘎"。她通常坐在泥灰桶里飞行，右手拿着木杵，左手抓着扫把，飞过之处会刮起一阵冷风，接着扫把会把她的行迹扫掉；她的身边总有一群妖魔鬼怪，除非芭芭雅嘎开口喊停，否则会一直绕着她打转；她住在一间会吃人的小茅草屋子里，屋子底下长着两只强壮的鸡脚，所以房子不断移动，不会固定停在某处被人锁定，但她的住处总在冷冽黑森林的最深处，房子外围有道篱笆，是用一长排人骨插着骷髅头做成的，震吓住想要进到她领地的人。这么一位又丑又可怕的黑女巫，跟家喻户晓的虎姑婆同属一种原型，让孩子心生畏惧。然而，芭芭雅嘎却拿心地干净善良的人没办法，不仅无法对他们做出坏事，反而会给予有用的建议，如果通过她给的艰难任务，她会信守承诺，响应任何进门求助的人，这时候的芭芭雅嘎，又仿佛代表了某种智慧的女性。因为芭芭雅嘎的房子会吃人，周围又都是人骨和骷髅头，表示她与死亡的关系极为靠近，所以也有人说她是地面上生死之泉的守护者。

芭芭雅嘎的意象出现得早，广为流传在寒冷的北欧与俄罗斯交界之处，跟后来才发展出来、欧洲大陆最主要的母亲形象"大母神"或"圣母玛利亚"相比，芭芭雅嘎是一个更原始、不可亲的女性原型，虽然拥有智慧，又掌管与生死有关的力量，但她的形象太可怖了，不是会让人想要拥抱的对象。这样的意象会推着我们再往精神发展的源头走，走到一个更初始、更混沌的，一个还没有细细划分好的，一个原始的、许多东西还混杂一起的精神世界，可以说芭芭雅嘎是一个女性心灵的初胚或粗模，还没有被打磨成优雅、有爱、美丽、崇高，如同观音或圣母玛利亚那样的细致的女性原型。《美丽的瓦希丽萨》有我们熟悉的灰姑娘以及不熟悉的芭芭雅嘎，意味着我们想触碰阴性心灵发展过程底层、阴暗粗野的、难以界定与分辨的部分。

VASILISA THE BEAUTIFUL
美丽的瓦希丽萨

很久很久以前，在很远很远的地方，有位可爱又善良的小女孩，大家都叫她美丽的瓦希丽萨。她和爸爸妈妈住在一个叫作拉登的小村庄，妈妈在她 8 岁的时候生了重病，过世之前，妈妈把瓦希丽萨叫到床前，对她说："你要好好听我现在告诉你的话。我会给你一个木刻娃娃，它是我的妈妈给我的，你要把娃娃带在身边，不可以给任何人看。当你遇到困难的时候，就把娃娃拿出来，给它吃一点东西，然后问它怎么办，它会告诉你解决的办法。"说完，妈妈给她一个拥抱和亲吻，跟她告别，没过多久，就断气了。

瓦希丽萨把木刻娃娃拿出来，给它吃东西，娃娃的眼睛突然就亮了起来，跟真人一样。娃娃对瓦希丽萨说："你不要害怕，黑夜比清晨更有智慧。"之后，瓦希丽萨就常常向娃娃诉苦。她爸爸是商人，经常要出门旅行，因此听从大家的建议，娶了村里一位寡妇莉莉亚来照顾家、照顾瓦希丽萨。虽然瓦希丽萨不怎么乐意，但是爸爸已经做了决定，他对瓦希丽萨说："你将有两位姐姐，还会有一位照顾你的妈妈。"

几年过去，瓦希丽萨越来越漂亮，村里的年轻人都想追求瓦希丽萨，姐姐和继母因此嫉妒与愤怒，对瓦希丽萨非常不好，把所有的家务都交给她做，幸好她有木刻娃娃这个帮手。虽然继母一再强调："除非两个姐姐先嫁出去，不然谁都别想娶老三瓦希丽萨。"但是这番话还是挡不住爱慕瓦希丽萨的年轻人。某天，爸爸又要出门，而且这一趟要很久之后才会回来，继母终于想出一个方法孤立瓦希丽萨。这天早晨，她对女儿们说："把所有的东西打包起来，我们要搬家了。"瓦希丽萨听见后心里很难过，因为舍不得离开熟悉的环境。

他们的新家靠近黑森林，是一栋老旧的房子，旁边有沼泽，前面有几块看起来很久都没有耕种的田地，最近的邻居也在好几英里之外。尤其是，这里距离芭芭雅嘎住的地方很近，芭芭雅嘎是一位恶名昭彰的女巫，没有人想走近她在黑森林里的家。大家都知道，只要被芭芭雅嘎看见，就会被她吃掉。继母总是支使瓦希丽萨去黑森林里采果实、捡木材，奇怪的是，瓦希丽萨每次都顺利完成任务，并没有被芭芭雅嘎吃掉。

某天晚上，继母想出一个计策，对三个女儿说："今晚，你们要做整夜的女红。老大负责绣花，老二来织一双袜子，老三就纺纱吧。"说完，继母就去睡觉，并叮嘱不许浪费，只准点一盏灯。继母上床以后，灯火越来越暗，大姐说："我来剔一下灯火吧。"但一不小心把灯火给弄熄了。火熄了怎么办？大姐说："只好去跟附近人家借火了，不然工作没做完，明天妈妈起床一定会骂人。"但是，去谁家借呢？又该派谁去借呢？二姐说："最靠近我们的邻居就是芭芭雅嘎，小妹你一天到晚在森林里，只有你认得路，当然是派你去啊。"

瓦希丽萨知道抗议没有用，只好顺从。她一走出家门就哭了，因为在这么黑的夜里，要走进如此恐怖的森林，还要去跟邪恶的芭芭雅嘎借火，偏偏自己又没有其他选择。走着走着，她发现自己已经深入森林，完全不认得路了。

迷路的瓦希丽萨突然看到一位骑着白马的白色骑士，当白色骑士经过她身边，曙光就出现了；又走了一阵子，她听见后面传来马蹄声，回过头，看到一位骑着红马的红色骑士，当红色骑士经过她身边，太阳就出现了，落在最高的树梢上。继续走着走着，她看到远处有一块小空地，空地上有一间小房子，她高兴地朝着房子走去，但仔细一看，房子底下长着鸡爪，还围着一圈恐怖的骷髅头，她的心瞬间凉了。这时她又听见马蹄声，这次出现的是一位骑着黑马的黑色骑士，当黑色骑士经过她身边，整座森林就好像盖上一大块黑布，立刻暗了下来。就在这时，骷髅头的眼眶突然亮了起来、活了起来，一阵风吹起，芭芭雅嘎出现了，女巫坐在一个灰泥桶里，右手拿着木杵，左手拿着扫把，身上披着披肩，降落到地面，对着小房子说："小房子啊，把你的门朝向我，把你的背对着森林。"

小房子听了话，一边把围墙转了方向，一边走向芭芭雅嘎，让门口对着她。芭芭雅嘎一闻就说："这里有个女孩，你给我出来！"吓坏的瓦希丽萨只好走出来。芭芭雅嘎问她："你是自己来的，还是被别人送来的？"瓦希丽萨说："我的姐姐们要我来的。"芭芭雅嘎说："嗯，是被别人送来的，那好吧，你可以进来。"于是她开了门，带瓦希丽萨进入小房子。

芭芭雅嘎又问："你要什么？"瓦希丽萨说："我的姐姐们要我向你借火。"女巫说："我可以给你火，但是你得做些事情作为回报。你要清扫我的房子，从里到外，你要为我做晚餐，你还要到厨房里把玉米全拿出来，挑出坏掉的，如果有一颗坏玉米没有被挑出来，你就会被我吃掉。"说完，芭芭雅嘎把炉子上可吃的食物几乎吃光光，只留一点点给瓦希丽萨，然后女巫就立刻睡着了。

瓦希丽萨带着她的娃娃走出去，喂它吃了一点东西，对着娃娃哭泣，娃娃说："没关系，你放心，我会保护你。你只要负责做晚餐就行了。"隔天，天没亮瓦希丽萨就醒了，往窗外看，白色骑士呼啸而过，曙光出现了，接着红色骑士呼啸而过，太阳也出现了，芭芭雅嘎就出门了。瓦希丽萨想走出小房子，但是门都被锁住，根本走不出去。没办法，瓦希丽萨只好留在屋里，却发现娃娃把所有事情都办好了，她只需要做晚餐。夜晚来临，芭芭雅嘎回来，发现交代的事情全部做完，而且一点错都挑不出来。芭芭雅嘎很不高兴，大声叫喊："我的忠诚仆人出来吧！把这些玉米拿去磨成粉。""咚咚咚"，不知道从哪里跑出来三双手，除了手之外没有别的部位，把整筐玉米给搬走。女巫对小女孩说："明天你还是要做一样的事，把房子清干净，为我做晚餐，然后把罂粟子跟混在一起的泥土分开来，一点点土也不许掺。"隔天，一模一样，娃娃把所有的事情都做完了，到了晚上，芭芭雅嘎更沮丧了，因为还是找不到借口吃掉瓦希丽萨，只好再叫三双手把清理好的罂粟子拿去榨油。"咚咚咚"，三双手出现，除了手之外没有别的部位，抱着罂粟子离开了。

瓦希丽萨站在一旁看着，一语不发。芭芭雅嘎说："喂，你一定很好奇，想要问我问题吧。"小女孩说："我的确好奇，我不懂好多事情。""你可以问啊。""我可以问吗？"女巫说："可以。不过，你要知道，不是每个答案都会带你去比较好的地方。你要知道，懂得越多，老得越快。"于是瓦希丽萨开口："那个白色骑士是谁？"女巫说："哦，那是我的仆人，黎明。""那个红色骑士是谁？""哦，那是我的仆人，太阳。""那个黑色骑士是谁？""哦，那是我的仆人，黑夜。"

虽然还有问题，但是瓦希丽萨决定不问了。女巫问她为什么，小女孩说："你说过，懂得越多，老得越快。所以我不问了。"女巫说："你不问是对的，因为你刚刚问的，都是围墙外的东西，那些问了围墙里的东西的人，没有一个可以活着离开，你是个聪明的女孩。"女巫接着说："现在轮到我问你了，你老实说，为什么交代你的事情可以做得这么好？"瓦希丽萨回答："因为母亲的祝福帮助了我。"芭芭雅嘎大叫："我的房子里不许有被祝福的女孩，你母亲的祝福让我不舒服。滚！滚！滚！"女巫把瓦希丽萨赶出去，用棍子插进一颗骷髅头交给她，对她说："这就是你要的火，我给了你，你可以走了。"

门打开，瓦希丽萨走出去，一天一夜才回到家，家里暗暗的，继母和两个姐姐坐在那里。她们说，自从瓦希丽萨离开以后，火只要被拿进屋里就会熄灭，这段时间，不能做事情也不能煮饭，一直处在黑暗里。看见瓦希丽萨手上的火光，三个人高兴极了："太好了！你把火带回来了。"当她们看清楚火光来自骷髅头的眼睛时，高兴转为害怕，转身想要逃走，但是骷髅头眼里的火始终追着她们，那团火越来越强、越来越炙热，最后追上她们，把她们三个人烧死了。

结尾A：天亮时，瓦希丽萨在门前空地挖了一个坑，把骷髅头埋起来。等到爸爸回来，瓦希丽萨就和爸爸一起过着幸福快乐的日子。

结尾B：后来，瓦希丽萨离开家，去了大城市，成为一位手很巧的裁缝师，做出来的衣服特别漂亮，受到沙皇注意，娶她为妻，从此过着幸福快乐的日子。自始至终，木刻娃娃都在她身边。

成为孤儿之必要

故事的结构是标准的孤女成为女英雄之旅，女孩面对生命无可回避的打击，并且接受艰难的任务，成功地完成挑战。美丽的女孩瓦希丽萨，原本生活在正常家庭里，母亲死亡，留给她一个木刻娃娃，打击与挑战就此展开。继母和两位姐姐出现，女孩的生活越来越困难，搬到黑森林旁边之后，继母给了女孩一项不可能完成的任务：跟恶名昭彰的芭芭雅嘎借火。孤女瓦希丽萨走进黑森林，找到巫婆的房子，完成取火的任务。找到火，带回来照亮黑暗，是许多神话或童话共有的主题。芭芭雅嘎则给了女孩整理家务的不可能完成的任务：清扫房子，烹饪食物，拣出好玉米，把罂粟子与泥土分开。虽然女孩顺利完成这些挑战，但是并没有拿到火，只有完成第三项任务，她才得以回家：她要面对与处理内心的好奇，分辨何时可以发问、何时必须喊停。故事发展到这里，女孩才终于完成走进森林借火的任务，能够返家。离家又回家的女孩，才可以发展属于自己的生活，跑去城市，成为裁缝，得到国王的喜爱，最后成为皇后。

如果把《美丽的瓦希丽萨》视为女性内在的发展历程，两个母亲原型先后出场，依序是好母亲的死亡，以及坏母亲的恶意攻击。为什么好妈妈一定得死？仿佛皇后不死，公主就永远得不到发展。好母亲的死亡，推着瓦希丽萨不得不离家，展开自己的旅程，朝向继母所代表的黑暗母亲原型前进。《美丽的瓦希丽萨》呈现了我们对母亲的又爱又恨，标注了女性自我发展历程里重要的两站：正向的母亲情结以及负向的母亲情结。

故事里的主角瓦希丽萨是一个孤女，有些人读到的是她失去母亲的孤单，有些人读到的是她被父亲抛弃了的无助，虽然大部分的人不是孤儿，可是人生旅途里，一定经历过不被保护、没有引导、茫然无助的时刻，感觉必须一个人跌跌撞撞找出路，这个"为什么别人有爸妈保护、师长贵人相助，我却要一个人摸索？"的感受与茫然无依的底层就是集体心灵中的孤儿原型。而在读《美丽的瓦希丽萨》这类的故事时，我们常可以通过故事的意象而接触到深藏内在的孤儿感受。

神话学者约瑟夫·坎贝尔在研究中发现，世界上各民族的神话绝大部分都可以称为英雄的故事，神话描述的是成为英雄的旅程，可以说神话刻画了一个人类集体的心灵真相，英雄之旅是个人为寻找真实自我、完成自我成长的过程，而迈出英雄之旅的第一步，则是承认我们每一个人都是孤儿，无父无母。因为孤儿代表着一种精神的状态，无所依靠、无所凭恃。这是成为独立完整的自己、成为英雄的初始，他必须是孤儿。瓦希丽萨或灰姑娘仙蒂瑞拉就是一个最有名的孤女，她的历程把我们各自独特的生命经历串联起来，让我们在个人的独特性里感受集体的共同性，其实我们正一起面对人类共同的议题。

与黑暗搏斗之必要

母亲的死亡代表母性的保护告一段落。如果妈妈没有生病、没有过世，可爱又善良的瓦希丽萨，可能会顺利长成快乐的女孩，找到幸福的对象，过着幸福快乐的日子。问题在于，无瑕的人生并不存在，普通人的一生，不是在这里跌倒，就是在那里摔跤，生活从来就不是"从此过着幸福快乐的日子"。精神世界里，平稳之下总是有些蛰伏着的东西正蠢蠢欲动，母亲的死亡，就是小女孩开始发展自我的起点。

妈妈不死、幸福快乐，都是意识层面所发展出来的美好想象，一切不合乎这个想象的美好，都被点点滴滴囤积在潜意识里，能量越堆越多、越来越强大，直到某天找到一个破口处冒出来。对美丽的瓦希丽萨而言，这个破口就是母亲的死亡。失去了美好的女性传承，才是瓦希丽萨独特生命历程的开始。母亲所代表的是正确美好的价值，她的去世代表了这个价值的衰败、集体规范的力量示威，也就意味着那些由继母与姐姐所代表的黑暗势力正要兴起，所以继母非坏不可，姐姐们一定要又懒又丑又小心眼，如果递补的是好妈妈与好姐姐，女孩反而找不到发展的路径。母亲之死，带出来的是女性必须面对自己内在黑暗的这个原型，一个女英雄的成长之路就此展开。

走入暗处，意味着认识自己内在所具有的负面性，如果不面对继母所代表的激烈攻击性、掌控性与权力欲，就有可能会被黑暗的力量击倒，因为暗处出手的攻击总是让人措手不及。在这个故事里，继母得到邀请，成为瓦希丽萨的家人，女孩无法不面对继母，她必须与阴影正面交锋。

在童话里，坏妈妈跟继母是同义词。小孩有时会对自己妈妈喊叫："你坏！我不要！你讨厌！你是坏妈妈！"当孩子这么说，那个片刻，妈妈就是继母，就是坏妈妈。女性会用不同的方式来面对继母和姐姐所代表的那些黑暗特点。其中之一，就是八卦。有时候，姐妹们聚在一起，就会讲起八卦，或者开骂，当然，如果我们发现闺密居然跟别人一起讨论自己的私事、讲自己的坏话，心里一定非常痛苦，这种经由群聚所表现出来的黑暗性，固然畅快，但是也很危险。冯·法兰兹特别提到，女性之所以喜爱八卦或道人长短等，其实是对抗集体意识的一种方式，用以对抗道德教训中对女性的正向要求。这是一种小规模的对抗，不可以很多人一起，只能由少数几个信得过的姐妹私底下讲讲，这样的黑暗或负面性，不能称之为邪恶，但是仍具有某种淘气的、发泄的与联结的作用。冯·法兰兹认为这是女性面对来自集体无意识的压迫，为自己找到的一种不得不的对抗。

狗仔队与娱乐新闻满足的正是类似的需求，扩大各式各样的小道消息，给大家一点点吐槽的空间。网络暴力也有这样的意味，以前的八卦只能在背后说说坏话，但是网络的匿名性让我们可以隐匿真实的身份，更容易激发出内在的黑暗。在网络上，我们随时可能摇身一变，成为童话里邪恶的皇后、坏心的继母和懒惰的姐姐。作为打手，我们如何处理集体的黑暗性？作为箭靶，我们如何面对如海浪般一波波的恶意冲刷？如果我们把童话分析所习得的应用在网络时代，被骂得很可怜的时候，或许可以自比为故事里的瓦希丽萨，知道生命里一定得遇见而且终要面对自己内在的黑暗，所以，在内在成长与自我发展的路上，第一个要处理的常常就是自己的阴影。

走入暗处，意味着我们必须勇敢认识自己内在的坏。如果我们能够理解坏在生命发展之中的必要，如同黑夜之于白日，寒冬之于四季，我们必须使用生命中的黑暗来平衡光亮。坏妈妈引动了瓦希丽萨的生命历程，就像其他童话或神话故事里的魔鬼或恶龙，它们就站在正中央，挡住英雄的去路，逼着英雄与之对抗。这些所谓的坏的因子，存在负向母性里面的黑暗性、带着吞噬和毁灭的力量，是阻止女孩发展成为完整女人的重要力量，是我们需要知道、需要认识的一种内在动力。我们必须知道它的存在，与之搏斗的过程就是发展个人生命历程的重要动能。

携带对象之必要

《美丽的瓦希丽萨》出现了三个名字，女孩瓦希丽萨、继母
莉莉亚以及女巫芭芭雅嘎，其他的角色没有名字，只以爸爸、
妈妈或姐姐来称呼。没有名字这个设定指涉的是普世皆然，男
人就是这样，小孩就是这样，爸妈就是这样……所以故事里的爸
爸、妈妈和姐姐，代表了一种集体的概念，而非个别指名道姓的
特质。妈妈在《美丽的瓦希丽萨》里没有名字，意味着她代表的
是集体的母亲，由她交给瓦希丽萨的木刻娃娃，也被赋予了集体
传承的意义，那是一件母亲当年交给女儿、现在再由女儿交给她
的女儿的宝物，一种女性代代之间的纽带，让所有女人们神秘地
参与在一个大传统中，不仅女性心灵的传承内建了这份精神性的
动能，而且不管我们生长在非洲、北美或中国，每个社会也都会
以在当地文化习用的方式来传递这个集体女性的礼物。故事里妈
妈之死，代表妈妈所代表的某种集体价值走到了尽头，无法再提
供给小女孩成长的滋养了，但是木刻娃娃片刻不离身，不得不
走上自性化历程的小女孩，还是携带着无意识里正面的集体母亲
能量。

木刻娃娃让我们联想到现代心理学经常提及的"过渡性客

体"。走进世界中，孩子发现不能时时刻刻都紧抓妈妈、带着妈妈，于是得创造某个对象来象征妈妈，这个过渡性客体可以提供联结和安全，协助孩子一步步往分离、独立的自我道路前进，就像故事里只要木刻娃娃开口，小女孩就会得到安抚，松一口气，停止哭泣，安然入眠。小女孩携带木刻娃娃，而木刻娃娃携带母亲的残影，残影的意思是母亲的力量已经不完全、不活跃，变得微弱了，只剩下残余的些许正向能量作用在小女孩身上。然而故事里的木刻娃娃不只是部分母亲的象征，它有能力为瓦希丽萨做事，所以也是神圣之物，就像我们放进随身皮包里的那些从各地庙宇求来的平安符。符是携带着某位神祇的祝福与保护的神圣对象，代表我们相信自己的心灵可以跟神圣的世界相连，有点像孩子相信母亲，这种全然的相信，一方面可以抚慰我们的心灵，另一方面也陪伴我们慢慢长大，即便在长大的过程里，一点一点看见父亲和母亲失去了自己心中仰之弥高的神圣性，但我们也会渐渐转向学校师长、单位领导或宗教领袖身上去寻找替代的联结与通往神圣的管道。

荣格出生在一个基督教家庭里，爸爸妈妈两边家族共出了七位牧师，反而让他难以走进信仰，只好用自己的方式寻找与神圣性的联结。小时候，荣格把木尺的一端刻了一个小人，跟一块石头放进铅笔盒，藏在阁楼里，有心事时，就跑去阁楼对着小木头人说话，一直到老年，荣格持续盖房子与刻石头，还是在做类似的事情。他曾说，做这些事情的时候，内在有种一以贯之的动力，就是与对象之间的神圣联结。精神上，我们每个人的内在都需要携带一个类似童话故事里木刻娃娃的对象，介于想象与真实、情感与神圣之间，可以随时抱着或抓着，并与之神秘联结，就像瓦希丽萨，从妈妈过世到成为皇后，一直到死为止，不曾让木刻娃娃离开身边，在心里为母亲保留一个位子，为神圣以及全然的相信保留一个位子。

进入森林之必要

《美丽的瓦希丽萨》的故事场景从村庄展开，往森林移动。跟大海一样，童话里的森林经常代表人类的集体无意识。进入森林、进入大海，就是进入未知，走一条他人尚未走过、必须由自己开辟的路。刚开始做个人心理工作，有些人会梦见想回家却迷了路，这个家，是内在的家；这条路，是未知之路，找不到路是必然，危险重重也是必然，然而，终究得靠自己披荆斩棘，慢慢走出一条回家的路。

瓦希丽萨原本的世界失去了光，因此她必须走进森林最黑暗处，去跟那位会吃人的女巫借火，然后带回家。在黑暗里，一点火光就会照亮一处角落，本来看不见的，现在可以看到了；从前不确定的，现在清楚了，所以火代表了光，代表了一种看见、觉察、顿悟。这样的火光，也会在自我探索的心理工作中发生，因为有了某种理解，我们会猛然发现："啊！原来如此，我看到了。"

然而，在此之前，瓦希丽萨一直是个乖女孩，虽然早就从幸福的乖女孩变成可怜的乖女孩，但仍然是顺服的、听从的，面对危险重重的挑战，还是尽力维持着顺服与听从，所以当瓦希丽萨往找寻火光的森林走去，开始属于自己的旅程，我们仍有一种她是被送进去的感觉。

芭芭雅嘎所在的寒冷北国，生活是极为艰困的，换作精神世界，寒地里有一扇门，是不可以随便进出的，那些不知轻重、自愿前来的人，不知道门的背后就是死亡，所以故事里芭芭雅嘎开口就问瓦希丽萨："你是自己来的？还是被别人送来的？"而我们从后来的发展得知，芭芭雅嘎对于被送进来的人略微手下留情，这意味着，多数时候，人的成长是被迫的，而非自愿的。坦白说，没有人喜欢吃苦搏斗，但为了寻找困境里的光，只好进入黑暗的森林，这里面有种不得不，有种被迫与无奈，有种被送进去的意味，而这个契机，不会随时发生，只在对的时候方会出现。

不可多问之必要

《美丽的瓦希丽萨》故事里有三位骑士，分别是白色黎明、红色太阳与黑色夜晚，这个"三"让我们想起基督教圣父、圣子与圣灵的"三位一体"，都是阳性角色。荣格认为，基督教及其衍生的文化过于偏重阳性原则，需要加入女性元素，才能够完整发展；而天主教发展史上，也直到后期，才认可圣母玛利亚的神性，将她纳入崇拜，从神圣的"三位一体"加入女性圣者成为四。

但在这个位于西方文明边缘的俄罗斯童话里，一切似乎都反过来了，森林里的女巫如同女王，不仅象征时空的黎明、太阳与黑夜三位阳刚骑士任凭她使唤，土地的运转、谷物的成长、火光的传递也都归她管，作为一位王，她的气质是下沉与贴地的，而非圣父、圣子、圣灵是上升与超越的，所以芭芭雅嘎不同于当代所熟悉的男神传统，是一位大母神、大地女神与母亲神的代表。

除了三位骑士，故事里还有凭空出现、跑来跑去的三双手。这三双没有躯干相连的手，除了勤奋服侍芭芭雅嘎，还具备不可被理解的特质。故事里芭芭雅嘎回答女孩三位骑士的身份之后，追问她还有其他问题吗，虽然瓦希丽萨想问，但她克制了自己的好奇。我们可别忘记故事里的芭芭雅嘎是会把人吃掉然后用骨头堆成围墙的黑女巫，她是大地女神，能量丰沛深沉、危险莫测，但这个暗黑已经被 18 世纪发展的理性之光所驱散，只部分留在萨满传统里，距离我们的意识非常遥远。《美丽的瓦希丽萨》用三双手代表死亡、邪恶与黑暗的力量，知道太多有关黑暗的知识，那些破坏性的力量可能会进入我们的心灵，然后吞噬我们的心灵，所以不可以发问、不可以知道，知道是要付出代价的，如同女巫告诉女孩："你不问是对的……那些问了围墙里的问题的人，没有一个可以活着离开。"瓦希丽萨的冒险，到此真正告一段落，她的任务不仅只是吃苦，也包括了节制。

对于心灵结构及其运转，我们总是充满好奇，一直挖掘，总是忍不住想知道更多，《美丽的瓦希丽萨》给我们一个重要提醒：遇见暴烈、极端且具吞噬性的黑暗与邪恶时，请别靠近，赶快逃走！我们经常提醒处在亲密关系暴力里的女性，如果觉察暴力将至，或者意识到某种不可解的昏暗正在酝酿成型，留在里面是不明智的，赶快离开，不要对抗。人与人之间、界与界之间、国与国之间都是如此，遇见不可解的黑暗、不会亮的天，留在里面是不明智的，赶快离开，不要对抗。

阿拉伯有句谚语"千万别相信沙漠里独居的老妇"，我们通常把沙漠里独居的老头想成智者，为什么遇到老妇却要逃开呢？这个警语触及女性原则之中的邪恶特质。女性原则通常是联结的、

给予的以及涵容的，这些正向特质的背面就是女性的占有、控制
与吞噬，联结、给予和涵容都需要接收的对象才能展现。也就是说，
这些阴性特质需要通过关系才能呼吸、才能萌芽、才能成长，所以，
独处并非女性精神之道。荣格认为女性不宜独居，因为独居对于
女性内在发展是不利的，他建议渴望圆满精神世界但不愿走入婚
姻的女性，可以寻找同性伙伴一起走这条追寻之路，以免女性在
过长的孤独里会发展出黑暗面的女性邪恶。荣格的观点有着很强
的时代性，并不能全然适用于当代女性心灵发展，但是他所指出
的精神现象仍极有价值，因为他所说的就是压制或拒绝发展阳性
特质的女性，偏颇的仅发展阴性特质的危险。

耐心区辨之必要

　　瓦希丽萨到了芭芭雅嘎那里，女巫交付了许多差事给她，扫
地、煮饭、拣豆子……都是童话里最常见的、女性干的活，故事
读到这里，难免有人会生气，为什么男主角的任务是屠龙寻宝，
女主角却经常被派去扫地、拣豆子？其实这恰好点出了阴性原则
与阳性原则的不同之处。阳性原则遇龙就杀，在险径路口过关斩

将；阴性原则通过煮饭、清洗、扫地这些日常且重复又烦琐的行为，不断地清理、整理，直到把事物的内涵弄清楚、心灵的珠宝擦干净。

拣豆子这件事特别有意思。豆子就是种子，小小一颗，却蕴含了巨大的生命潜能，它是希望的开启，是"活"的可能性，而这就是阴性原则的主要内涵——要照顾好小小的豆子，这也是阳性原则所无法取代的特质。所谓的阴性与女性的特质就在这里展现，愿意耐着性子、持续、规律、耐烦地一颗一颗分辨出好玉米和坏玉米，拣出不好的来，才可以煮出一锅好饭，这就是女性力量的展现，这些平常无奇却又烦琐反复的工作，训练出刚刚离家的女孩，日后成为完整独立的女人，成就一个皇后。我们的文化里，也有类似的修炼与陶冶，好比跟着师父学武功，师父一会儿要你坐着不动，一会儿要你上山砍柴，你只能照做，而且不能问，一次又一次、一年又一年，直到某天师父终于开口说："可以了！"东西方文化里都有这样的教导，精神世界里重要的学习，必须倚靠耐力与毅力。在这个东西交界的俄罗斯童话里，女孩要不断分辨检视，让细小的黑色罂粟子与混在其中的泥土分离，每一次的辨别、判断都是累积意识之光的亮度，目的当然是要获得全然的觉悟，如明亮的光线照见一切。然而在取得光亮的觉悟之前，瓦希丽萨就是得一次又一次地重复同样的动作。

只是学会等待、耐烦与分辨还是不够，故事里芭芭雅嘎对瓦希丽萨说："你不问是对的。懂得越多，老得越快。"这句话指向另外一个重要的学习，面对未知与神秘，要懂得克制内在的好奇，怀着敬重之心，与之保持一定的距离。懂得越多，老得越快，指的并不是字面上的知识会带来皱纹，而是说，芭芭雅嘎的世界固然有趣、引人好奇，但一下子知道太多其中累积蕴含的奥义却又无法顺利转化，确实会让个人的精神世界无法承受，就像担负了太多无法消化的秘密，内在感觉疲倦、耗竭与老迈。

芭芭雅嘎不只是位黑女巫，她也掌管死亡，还会教导他人，是个广受喜爱的原型，她出现在许多俄国童话里。她与瓦希丽萨的对话，成为这个童话故事的经典对白，有无限的讨论空间，每个人都可以提出自己的看法与诠释。芭芭雅嘎的世界，就是神秘与黑暗的总和，这里面的知识，带着禁忌与毁灭的内涵，当我们试图打开与触碰的时候，必须带着尊重，明白这可能要付出巨大代价，例如死亡。类似的意象出现在许多地方，好比《圣经》里的法柜，一旦打开，看见那束光，就会带来死亡；又好比《红书》里荣格往东方寻求智慧之光，他遇见的东方巨人意兹杜巴对他说："当心这种过度强大的光，你可能会瞎掉。"这些都在提醒我们，遇见超越自己能够理解的，不管那是神圣的或者邪恶的，要明白里面的绝对性、不要轻易挑战，要节制好奇、唤醒谦卑，这正是女性智者从黑暗里给予的智慧。

对于知识产生的渴求或欲望，也不可贪心，有时不妨停下来问自己：我所渴望的这些知识，只是不断地囤积，还是真的可以促成转化？面对由知识所构筑的世界，许多女性往往自觉低人一等，这种女性遇见知识巨人的自卑，会驱使许多女性展现对于知识高度的好奇，作为一位黑暗大母神，芭芭雅嘎给出的智慧话语，就是停止囤积知识，因为过多的知识，不但不会带出鲜活的智慧，反而对觉悟造成伤害。

燃烧净化之必要

　　瓦希丽萨被赶出家门，但随身携带着木刻娃娃，这个护身符代表了与正向母亲、正向情感的联结，帮助她顺利完成取火的困难任务。在追寻的过程里，她走进暗处，通过烦琐反复的考验，知道黎明的智慧、太阳的智慧和黑夜的智慧，而且明白知道这些就足够了，虽然故事开始母亲就死了，但是从头到尾象征着女性力量的木刻娃娃却从来没有离开过瓦希丽萨，所以母女关系可以作为生命里滋养、给予与补给的动力，它与我们长出独立自我并未相互抵触。

　　每个人的生命历程里，总是会走到那个好像非得把母亲杀死不可的阶段，这些时刻，我们非得对抗或者消灭禁锢我们个人发展的那股力量，但到了下一步，和母亲的关系却又反转成为保护与终极的救赎，陪伴着我们从黑暗里取到光。《美丽的瓦希丽萨》里的光并非来自天上，而是由住在黑暗森林里的黑暗女神所给予，以及从骷髅的眼眶里所照出来，这个从头骨里绽放照亮的智慧，明显是走入禁地，从死亡那里带回来的觉悟与理解，经过如是际遇，孤女终于长大，并有能力成为皇后。

许多画家画出手拿一根木杖、其上有颗绽放火光的骷髅头的瓦希丽萨，描述的就是这个从开始的慌乱，到之后的恐惧，到最后的了悟，从极黑里带回光亮的过程。小女孩走进黑暗森林，一开始是害怕的，但是走过之后，带着觉悟与理解，足以把黑暗的那些负面能量燃烧殆尽。换个方式来说，我们碰触内在的阴影，是为了学会看懂，为了最后带回一双懂得分辨的眼睛，完成属于女性的自性化历程。

当我们决心面对内在阴影，不逃走，与之搏斗，阴影处就会被觉察的光所照亮。在这个童话里，继母跟两位姐姐代表了女性的暗面，原本天真无邪的女孩，通过与女巫的缠斗对决，拿到了从头骨里射出的火光，也理解了黑暗是什么、邪恶是什么。有些女性畏惧权力斗争或者嫉妒排挤这些存在于日常里的黑暗，一旦这些阴影被自己知道，就能被自己整合，成为自己的一部分，这些阴影就失去了黑暗的魔力，不再具备阻挡自己或恐吓自己的能力，生命的境界就被推进一个更宽广的层次。生命里的其他的阴影还会继续跑出来，提出新的挑战，然后又被光亮所消融，变成自己的一部分……如此周而复始，一个人的自由度和宽广度就会持续扩大，核心更为稳定，而边界更为宽容。

人世间不会没有黑暗，黑暗与邪恶永远存在，当它们从潜意识里浮现，与你我相遇，提出艰难的挑战，如果我们通过考验，他们会退回原先所在之处。有人提问，既然残酷此起彼落、永不停歇，我们究竟该如何回应？荣格学派认为，更重要的是认识它们，甚至从外在的碰撞体认识我们内在也有这样一块暗黑，然后让它们回到原先所在之处。荣格从不假设或想象有一天黑暗会从这个世界上消失，他认为邪恶的出现，其实带着某种目的，如果这个意义被理解，我们就不会无知地坠入其中，反而会发展出对于个人或集体的黑暗更深刻的理解。

第 7 章

熊王子来敲门：白雪与红玫瑰

荣格借用 20 世纪初的法国人类学家列维－布留尔提出的"神秘参与"的概念来描述人类仍活在集体无意识的状态。列维－布留尔离开文明的法国，深入亚马孙河流域，与当地土著生活了一段时间，他发现了与巴黎全然不同的生活智慧，土著狩猎的时候，必须聚精会神，将自己完全投入森林、河流与土地，成为大自然的一部分，与森林里的动物共振共生。他观察到当地人的意识，还活在与自然合为一体的集体性之中，因而能参与神秘大地与山川河流的自然规律。他们的行为语言有着神秘又神圣的意味，这来自他们仍是伟大自然的一部分，因为属于伟大的系统而伟大，因为身在神秘之中而神秘。

　　而现代人却因为文明的发展与理性的抬头，失去了与自然合为一体的神秘参与，得到了属于个人的自由，却与神秘的世界断开联系。一方面意味着我们失去了让自我完全沉浸于万事万物的能力，无法感知最原始的、天人合一的状态；另一方面，这个失去为我们换得了个人的独立自主，这正是理性主义兴起与人类文明发展的主要内涵。

荣格认为，现代人所面对的最大挑战就是，如何在生命中某个时刻重新与自然合一，这个回归，是一个重新辨识与再度参与的历程，因为这是在个人人性被发展出来之后，有意识的回归。跟古老、原始、本能的那种与大自然的全然联结不同，不能再以"神秘参与"称之，所以荣格采用了炼金术的名词"奥秘合体"来描述这个在保有自我意识的状态下重新与所有时空与超越时空的广度相连的意识世界。

荣格认为没有发展出个人意识的人，仍生活在不自觉的认同集体价值之中，与集体无别的生活着的人，即使活在现代，其实也就是一个现代的原始人。《白雪与红玫瑰》的故事所描述的女性正是处于这样一种"神秘参与"的女性心灵，一种过度偏颇发展的女性心灵。这个童话是几百年前德国的民间故事，讲述的是纯真、无害、永恒、仿佛时间不会沾染的女性，如何从无时间感的规律里，发展出现代性的自我，拥有新的、有独立意识的女性精神状态，它展示了女性精神演进的一个课题。

SNOW-WHITE AND ROSE-RED
白雪与红玫瑰

很久很久以前，一个偏僻的地方，一座孤零零的农舍，里面住着一位贫穷的寡妇。房子的前面是座花园，花园里种着两株玫瑰，一株开白玫瑰，一株开红玫瑰。她有两个女儿，长得就像两朵玫瑰，一个叫白雪，一个叫红玫瑰。

她俩生性善良、活泼又可爱，世上再没有更好的两个小孩了。只是白雪比红玫瑰文静、温柔一些，红玫瑰喜欢在田间草地上跑跳、摘花、抓蝴蝶，白雪则总在家中帮助妈妈做些家务活，或在空闲时读故事给妈妈听。她们姊妹情深，常一起出去，手拉着手，白雪总说："我们不要分开，我们不要分开！"红玫瑰则说："对！只要我们活着，就不要分开。"然后，妈妈会加上一句："你们要有福同享，有难同当。"

她们俩常常跑进森林，采摘红浆果吃，野兽从不伤害她们，而是亲热地走近她们。小兔子从她们手中啃吃白菜叶，小鹿在她们身旁安静地吃草，小马在她们附近活泼乱跳，还有鸟儿在树干上尽情地歌唱。

她们俩也从来没有遇到什么灾难，如果在森林里停留太久，夜幕降临，她们便双双躺在苔藓上，依偎着睡在一起，直到隔天清晨。母亲也知道，所以从不担心。

有一次，她们在林中过夜，醒来时，发现身旁坐着一位漂亮的小孩，他穿着一件白衣服，在阳光下闪闪发光，站起身来，十分友好地看了她们一眼，一言不发地走进了森林深处。当她们回神望向四周，才发现昨夜竟睡在了悬崖边缘，如果黑暗中再往前走上几步，就会滚落悬崖，后来妈妈告诉她们，这个小孩一定是保护善良孩子的天使。

白雪和红玫瑰把母亲的小屋布置得格外整洁，让人看起来很舒服。夏天，轮到红玫瑰整理房屋，每天清早，趁母亲未醒，她会从树上摘些花儿编成花环，放在母亲床前，让整座房子变得很漂亮。冬天，白雪会生火，在火上架上铁架、挂个水壶，铜壶总是擦得亮亮的，像金子般闪闪发光，到了夜晚，天空飘起雪花，母亲会说："白雪，去把门关起来。"于是，母女三人围坐在火盆旁，母亲戴起眼镜，拿着一本大书，高声地朗读起来。姐妹俩一边听着，一边纺纱。不远处躺着小羊，屋后的架子蹲着小白鸽，小白鸽的头藏在翅膀里。

一天晚上，她们正舒舒服服地坐在一块儿时，突然听到有人敲门，似乎想要进来。母亲说："红玫瑰，快去开门，一定是路过的客人想住在这里。"红玫瑰去开门，但不是人，而是熊，它把那宽宽的黑脑袋伸进门内。

红玫瑰尖叫一声，跳了回来，小羊咩咩叫起来，小白鸽也拍打着翅膀飞起来，白雪更躲在母亲床后。这时，熊开口说："别害怕，我不会伤害你们，我冻得不行了，只想在你们旁边取暖。"

"可怜的熊，"母亲说，"躺到火边来吧，小心别烧着你的皮毛。"然后喊道："白雪，红玫瑰，出来吧！熊不会伤害你们，它没有歹意。"姐妹俩走了出来，小羊和小白鸽也渐渐不害怕了。熊说："孩子们，帮我把身上的雪打一打。"她们拿出了扫帚，把熊浑身上下的雪扫得干干净净的，熊心满意足，舒舒服服地爬到火堆旁，口中不时哼着歌。没多久，她们便和熊熟起来了，和这位笨拙的客人玩起游戏，使劲地扯着它的毛发，几只脚踏在它的背上，把它翻过来又覆过去，甚至还用榛木枝抽打，若是它啊啊叫，她们就会大笑，直到她们太过分，它才喊："饶了我吧，孩子们！白雪啊，红玫瑰啊，你们快要打死向你们求婚的人了！"

睡觉的时候到了，孩子上床睡觉，母亲对熊说："你躺到火边去吧，外面冷，这里不会冻着。"天亮了，姐妹俩把熊放出去，熊就摇摇晃晃地踏着雪地走进森林。

从此以后，晚上同一时间，熊总会到来，乖乖地躺在火炉边，让孩子们和它一块儿尽情玩乐。她们和熊这么熟了，如果熊不来，她们就不把门关上。

春天到了，一天早上，熊对白雪说："现在我得走了，整个夏天都不会回来。""你要去哪里，亲爱的熊？"白雪问他。"我必须到森林深处保护我的财宝，以防那些可恶的小矮人偷我的东西。冬天，大地覆盖着坚硬的冰块，他们只能躲在地下不能出来，但现在冰雪融化了，和煦的阳光普照着大地，他们就破土而出，到处撬挖偷窃，任何东西一旦落入他们手里，被他们带入洞里，就再也找不回来了。"

白雪因为熊要离去而伤心，她为它开了门，熊匆匆往外时，碰到门闩，被扯下一撮毛发，白雪似乎看到里面发出一道金光，但一时无法确定。熊离开了，一会儿就消失在树林里。

过了一段时间，母亲让姐妹俩去林中捡拾柴火。在树林里，她们发现一棵大树倒在地上，树旁的草丛中有个东西来回乱跳，看不清是什么。等她们走近一看，原来是个小矮人，面色枯黄，长长的白胡须，足足有一尺，胡须的一端刚好卡在树缝中，小矮人就像条被绳子拴住的狗，不知道该怎么办。

小矮人一对通红的眼睛瞪着姐妹俩，口里嚷嚷："还站在那里干吗？你们难道不会帮我一把？""你怎么给卡到那里了，小矮人？"红玫瑰问道。"笨蛋，多嘴的傻瓜！"小矮人骂道，"我本来想劈柴来做饭，木头太大，我那一丁点的饭马上就烧焦了。我们可不像你们这些粗鲁、贪吃的家伙吃得那样多。本来我已把楔子打进去，且一切如我预想的那样进展顺利，可那该死的楔子太滑了，一下子弹出来，就把我这漂亮的胡须夹在里头。现在它被卡得很紧，我也走不开，你们两个笨蛋，油嘴滑舌，奶油粉面的毛丫头在笑什么？你们俩真是太可恶了！"

于是姑娘们使劲地帮他拔，可就是拔不出来，胡子卡得太紧了。"我去找帮手来。"红玫瑰说。"你这没头脑的笨丫头！"小矮人咆哮起来，"找什么帮手？你们俩已够烦人了，难道你们就没有别的法子？""别着急，"白雪说，"我来帮你。"于是她从口袋里掏出剪刀，剪下去，就把胡子剪断了。

小矮人脱身后，一把抓起藏在树根处的一只布袋，袋中装满金子。他一手提袋子，口中嘟哝："你们这些粗鲁的家伙，把我这么漂亮的胡子给剪断，你们会遭报应的。"说完便背着袋子里的黄金，头也不回地就走了。

又过了一阵子，妈妈要白雪和红玫瑰去河里抓些鱼回来。她们俩走近小溪时，突然看见一个像蚱蜢似的东西往下跳，仿佛随时都要跳入水里。走近一看，又是那个小矮人。"你上哪儿去？该不是要跳到水里去吧！""我才没那么傻呢！"小矮人叫道，"难道你们没看到那条该死的鱼想把我拖下水吗？"原来小矮人刚才坐在那儿钓鱼，不巧把胡须和鱼线搅在一起，一会儿之后，鱼咬到饵，小矮人没有力气把鱼拉上来，鱼渐渐占了上风，使劲把小矮人朝水里拉。他只得抓住一把草，但那有什么用呢？他只能跟着鱼儿游动上上下下地跳着，随时可能被拖入水中。

姐妹俩来得正是时候，她们一边用力拉住小矮人，一边帮他解开胡子，但是胡须和鱼线缠得太紧了，怎么也解不开。她们无计可施，只好再拿出剪刀，一刀剪去很长一段胡子。小矮人尖叫：
"真粗野！你们两个坏丫头竟敢毁我的容！先前剪掉了我好端端
的胡须还不够，现在又剪掉最漂亮的一段，我还有何面目见人？
你们赶快给我滚，滚得连鞋子也丢掉才好！"说完，便从草丛中
提出一袋装满珍珠的袋子，一溜烟就从石头后面消失了。

　　不久后，母亲又打发姐妹俩进城买针线、绳索和缎带。走着
走着，她们来到一片荒地，地上满布巨大的石块。一只大鸟在空
中翱翔，慢慢地飞近，在她们头顶盘旋，鸟儿越飞越低，最后停
在不远处一块岩石上，紧接着，她们听到撕心裂肺的一声惨叫，
上前一看，她们吓坏了，老鹰居然把她们的老朋友小矮人逮住了，
正要把他叼走。

　　出于天生的同情心，她们立刻抓住小矮人，拼命与老鹰搏斗，
最后把他夺了过来。小矮人这下可吓呆了，等他回过神，歇斯底
里地大叫："难道你们就不能小心点吗？瞧你们把我这身棕色上
衣给扯成了什么破烂样，你们两个笨手笨脚的笨蛋！"说完，又
从身边扛起一个袋子，里面全部是珍宝，然后钻进岩石下面的洞
中。对这种忘恩负义的行径，姐妹俩早就已习以为常，想想算了，
赶忙上路去城里买东西了。

　　回家路上，经过那片荒地，又看到小矮人在那里。这下可把
小矮人吓了一跳。因为他正在检查他的珠宝。他把宝石倒在空地上，
万万没想到这么晚居然还会有人经过。晚霞照在明亮的宝石上，

闪闪发光，漂亮得不得了，女孩们都看呆了。"你们傻呆呆地站在那里干什么？"小矮人吼道，那张原本灰黑色的脸，气得变成古铜色。就在他不停地咒骂她们的同时，只听一声咆哮，一头黑熊从林中奔了出来，直直扑向他们。小矮人吓一跳，还没来得及逃回洞中，熊已赶到。小矮人心惊胆战地哀求："亲爱的熊先生，你饶了我吧！我把所有的财宝都给你，瞧，地上这些珠宝多漂亮啊，饶了我吧！你不会吃我吧？我这么瘦还不够你塞牙，快去抓住那两个可恶的臭丫头，你可以大吃一顿，她们一定像肥肥的鹌鹑那么好吃！饶了我吧，去吃她们吧！"熊才不听他那套呢，劈手一掌就把这可恶的家伙击倒在地，从此再也爬不起来。

受到惊吓的姐妹俩拔腿就逃，但听见熊喊道："白雪，红玫瑰，别害怕，等一下，我和你们一起去。"她们俩听出这个声音，于是停了下来。熊走到她们跟前，熊皮突然脱落，站在她们面前的，竟是一位穿着金色衣裳的英俊青年。"我是一位王子，"他说，"那个小矮人偷走我的珠宝，并向我施了魔法，把我变成一头熊，整天在林间乱跑，只有他死，我才能解脱。现在他已受到了应有的惩罚。"

白雪后来嫁给了他，红玫瑰则嫁给了王子的哥哥，他们平分小矮人藏匿在洞里的大量财宝。老母亲和孩子们平安幸福地一起生活了很多年，她把那两株玫瑰移植到她新的住所的窗前，那儿便有了年年盛开的美丽无比的白玫瑰和红玫瑰。

这是一个标准的三幕剧。第一幕，女孩美丽善良，妈妈也很慈爱，周遭的世界全无危险，走进森林，小兔、小鹿、小马、小鸟都围绕着她们，宛如迪士尼电影的场景，森林之于她们，有如伊甸园一般，即便到了夜晚，也不会害怕，不但野兽不会伤害她们，还有保护她们免于坠崖的天使。

第二幕，冬夜，大熊来访时，母女三人正幸福地待在家里。这只熊不可怕，友善的熊立刻成为一家人的朋友，成就一段温馨的友谊。

第三幕，时间到了，熊必须离开，而小矮人出现了。姐妹俩三次解救了困境中的小矮人：第一次，小矮人的胡子卡在树缝里，需要拉出来；第二次，小矮人的胡子跟钓鱼线缠在一起，一面跟大鱼搏斗，一面要把胡子从钓鱼线的缠绕里解开；第三次，在旷野中，大鸟抓住小矮人，两姐妹拯救了他；第四次，姐妹俩在回家路上又遇见小矮人，这次，熊出现了，一巴掌把小矮人打倒，两姐妹救援失败，但是熊却变成金光闪闪的俊秀王子，白雪和王子结婚，红玫瑰和王子的哥哥结婚，妈妈也跟她们住在一起，全家从此过着幸福快乐的日子。

这位母亲是很好的母亲，孩子是很好的女孩，世界上最可爱的花、鸟都围绕着她们，像一个完美的世界。这样美好开场的故事，回应的是人类精神世界里哪个议题？

完美母亲与完美女儿

　　故事一开始，出现一位穷困的寡妇。寡妇代表她没有丈夫，她有两个女儿但没有儿子，而这两个女儿有母亲但没有父亲。我们之前讨论过负向母亲原则、黑暗母亲的议题，故事里的这位母亲并不黑暗，她对女儿宽容又信任，是完美的母亲和完美的女儿，但是在这样的完美里隐含着故事的核心议题，所以，尽管童话开场时一切都如此美好，我们知道这个故事要处理的是缺席的阳性原则（阿尼姆斯）。

　　日子过得如此甜美，母亲甚至不用担心女儿彻夜不归，因为动物可亲、天使在旁，这不是伊甸园是什么？这个世界太完美了，没有一点危险，意思是，姐妹俩完全不需要学习任何有关危险、有关黑暗以及可能会让自己受到伤害的本领。这个完美，一再让我们想起希腊神话里大地谷物之神德墨忒尔和女儿泊耳塞福涅的故事。德墨忒尔与泊耳塞福涅感情极好，日子过得很幸福，母亲作为谷物之神，大地的生与育全归她管，女儿只要在地面上，不管在哪里，都是安全的，唯一可能挑战她、会把女儿带走的，就是地底的冥王哈迪斯，当他让大地裂开带走泊耳塞福涅，母亲就再也保护不了女儿。

"白雪与红玫瑰"也是一样，日子如此美好，来自母亲跟女儿的紧密结合，女儿完全相信母亲的教导，母亲也尽全力保护女儿。这样的环境，使得两个女儿无须经历任何挑战，无须经历通过辛苦或者挫败才学得的课题，因为这些都没必要。故事一开场就欠缺阳性原则，所以接下来非处理不可的，就是过分发展或者过度偏倚阴性原则的问题。太美好、太天真、太甜美，纯粹到无法涵容任何一点阳性原则，这件事本身就是问题。

故事里的两姐妹很有趣。一个白的、一个红的，白雪内向，冬天在家生火照顾妈妈；红玫瑰外向，夏天出门采花做成花环，这说明了女性的两种性格或特质，代表着女性内在除了纯洁安静，也有活泼热情，这些都是美好的女性特质。然而，跟大地与自然如此亲近，跟动物相处如此容易，连天使都会特地跑来保护她们，如果用以比喻一个人的内在，那么，这个人仍然完全活在潜意识里，意识还不需要长出来，换言之，就是没有自我。夜里，姐妹俩闭着眼睛都不会掉下悬崖，所以根本不用睁开眼睛就能长大，只要如常度日，日子就这样美好地、持续地、自然地过去，这是意识出现之前的阶段，因为意识还无须萌发、无须觉知。

有些人会说："从小，爸爸妈妈就是这样教我的呀，难道不对吗？""社会不是一直鼓励我们做好的、对的事情吗？""我做合乎道德规范的事情，做合乎公理正义的事情，有什么不对？为什么还是遭受打击跟挫折呢？""我受这样的教育长大，我相信父母的教导，我遵循师长的意见，有什么不对呢？"，说这些话时，那个"我"在哪里？这些话里，好像少了"我"怎么讲、"我"怎么想和"我"怎么做。

"啊，我们家就这样啊！""我们中国人就这样啊！""我们东方人就这样啊。"当我们这么说的时候，"我"的想法没有了，"我"的做法没有了，这些属于个人意识的部分全没有了，这正是童话第一幕所呈现的，个人意识尚未觉醒的阶段。

因为这是一个女性的故事，讲的当然是尚未觉醒，还不需要睁开眼睛自己张望的女性。这两个美丽的女孩，无论是纯净内向的白雪，还是热情外向的红玫瑰，此时都还没醒来，也不需要醒来，直到第二幕掀起。

冬日来敲门的熊

从荣格心理学的角度来看，一个人在自性化的历程里，如果是女性，不会自始至终完全停留在女性原则里，必然需要面对自己的阿尼姆斯，发展自己的阳性特质。在心灵发展的过程中始终没有觉醒的姐妹俩，终于在某个冬日雪夜，遇见了一只来敲门的熊。

很多童话故事里都有熊。全世界五大洲，其中的东亚、欧洲和美洲都有熊。熊四处游荡，大概是陆地上可以看见的相当巨大的动物了，因为它很有力气，经常被当作陪伴在大地女神身边的伴侣，碰到母熊时尤其要警戒，如果它认为你有可能会伤害它的小孩，就会主动攻击你，所以，在西方，熊主要代表母性，母熊在故事里经常是母性特质的象征。不过，在《白雪与红玫瑰》里，这只来敲门的熊，明显的是阳性原则与阿尼姆斯的象征。

不同文化，对于熊有不同想象。除了经常被拿出来讨论的龙，中国学者也持续研究中国文化里熊的象征意义。根据考古，熊的图腾可以往回追溯到大约八千年前，这表示熊在中国的陆地上是重要的动物象征。黄帝建国于有熊（河南新郑），故称为有熊氏；根据司马迁记载，上古的"熊"字"上今下酉"，意思就是"帝王"，所以楚国的王，经常自称熊（例如熊绎、熊仪、熊眴等），可见熊在远古的中国大地上是一种活跃而强壮的动物。

《淮南子》里提到，大禹为了治水，三过家门而不入，有一次，他在山里，为了把土凿开引成水道，把自己变成一只熊，刚好妻子送饭来，不知道熊就是自己的丈夫，吓一跳，丢下饭，回头就跑，大禹在后面一直追，已经怀着身孕的妻子跑到后来变成一块石头，大禹对着石头大喊："还我孩子来！还我孩子来！"这时，石头打开，出来一个小孩，这个孩子的名字就是夏朝禹之后的接班人

"启"。

这则治水传奇里熊的内涵，跟《白雪与红玫瑰》里的熊是相通的。当女性初接触像熊一样活跃而强壮的阳性原则时，本能的反应就是害怕、躲藏。跟《淮南子》里大禹的妻子一样，"我没有办法面对，赶紧逃吧"。如果用现代西方心理学的观点来解析这则上古的中国神话，我们会说，这个女孩以为自己嫁的是国王、是英雄，当她看到治水英雄的真实状态原来是怪兽、是野兽，因为无法面对和承受，只好逃走，并且把自己变成石头。

回到《白雪与红玫瑰》甜美无虑的开场，终究会在某个冬日，以及深夜，当一切安静下来，那个已等待了许久、亟欲发展新意、非冒出来不可的东西，伴随着敲门声，就这么无预警地现身了。"咚咚咚"突然而来的声音往往是意识翻转的象征。尚未觉醒的女性原则，处在规律与例行之中，并没有不快乐，然而，潜意识的涌现总是突兀的、迫切的，在故事的第二幕，熊出现在门口了。

初遇阿尼姆斯

野兽跟美女经常配对登台，这个故事也是如此。如果熊代表阳性原则，这个阶段的阳性原则偏向直觉与本能，如同森林动物般的，原始、强壮、阳刚，但是还没有能力变成人形，还无法融入文明以及意识的世界。如果女性心灵的发展过程，阳性能量一直被隔绝，当阿尼姆斯首次出现，因为完全没被发展，一定就像熊这样，毛茸茸的，具备丰沛的直觉与动物本能，又或者可以说，这个阿尼姆斯还是个幼儿园小朋友或者小学生，目前只能用与之玩耍的形式开始跟他建立关系。

这个阶段的阿尼姆斯，还没有思辨能力，凭直觉与本能驱使，所以总是说"我就是要这个""我就想这么做"。父母常常对孩子说"再多想一下""看清楚一点"。正是因为这个阶段的孩子尚未发展出内在的涵容，在涵容与界限萌芽之前，孩子展现的自然是猛烈且有力的动物性本质，我们经常本能地提醒孩子"慢一点"，针对的就是这个动物性、太直觉与太快的部分。

在《白雪与红玫瑰》里，女性与内在的阿尼姆斯相遇，以游戏开场是好的，在冬夜发生也是。游戏好玩、无害，充满了探索与想象；而通常需要冬眠的熊，在本该收束能量的季节，每晚跑来，跟一家人缩着窝在小小的房子里面烤火，直到春天到来。游戏与冬夜，让这个与阿尼姆斯初遇的经历显得温和。然而，故事也在此处暗示，这股阳性与动物性的能量里，隐含着黄金与珠宝，一次是熊自己坦诚："我必须到森林深处保护我的财宝。"一次是当熊离开，白雪似乎看到了熊的毛发出一道金光。

初登场的阿尼姆斯发表声明：我拥有的财宝极多，我负责看管，我不许人偷，这些珍宝还不是这个世界可以拥有的。

投射与崇拜

什么是女性特质里过去被忽略而现在要发展的？是熊吗？是披着熊皮、拥有珍宝，其实是王子的这个家伙吗？

身为女性，我们经常在身边男性身上看见这位熊王子。说得直白些，我们往往不自觉地向往、崇拜这些熊王子，其实向往、崇拜的，是他们身上某些清晰的男性特质，例如力量、理性、意志与行动力。

女性通常自认为可以掌握内在的情绪，但对于自己是否有能力拥有或掌握阳刚特质，则多半抱持着怀疑之心，总觉得我没有，我不会，男生比较厉害，尤其某某某……从这里衍生出来的渴望，不是往内发展自我，而是"我没有能力，我想靠着他，在他旁边，我就安心了"。

许多男性"大师"身边围绕着一群女弟子，而且往往是一群特质聪慧的女弟子。女弟子在"大师"身上看见内在向往、崇拜的男性特质，可以选择把内在的阿尼姆斯投射在外在的"大师"身上，围绕着他，觉得他行我不行、他会我不会。自我成长也就代表人为地做出不同的选择，例如收回对外在"大师"的投射，把注意力与精神用来认识自身内在的熊王子。

认识内在小人

小矮人，类似小精灵，在欧洲故事的脉络里，他们大部分住在地底或森林深处，专门挖掘和收集黄金、白银、钻石这些珍贵的宝藏，由于珍宝埋在地下，所以小矮人也经常跟挖矿连在一起，例如《白雪公主》里面七位矿工小矮人，象征的就是跟大自然的联结。《白雪与红玫瑰》里的小矮人，是另外一种类型。他们躲在阴暗处，他们在地底偷取、窃盗、掩藏。还有一种小矮人的象征，认为小矮人该长大却没长大，该长好却没长好，仍处在扭曲偏斜的状态中，所以就是相对于君子的存在，是我们文化里熟悉的"小人"，他们性格尚未成熟，甚至狡诈、不可信任。

在《白雪与红玫瑰》里，小矮人赖皮、自私、忘恩负义，施咒把王子困在熊皮里，没事去抢别人的珍宝，遇事就推给身边的人："去吃她们，不要吃我！"如果熊代表的是动物性的以及正向的阳性原则，小矮人所代表的就是负向的阳性原则。

刚走出纯然完美世界的女性，从遇见熊与小矮人开始，经历了两种不同的男性能量：一个如熊般巨大、野性、身体的与动物的，一个如小矮人般自私、傲慢、取巧，只知据为己有，是我的就别想拿走。这样的小矮人，姐妹俩不只遇见一次，而是四次，意思就是，女性必须认识负向的阳性原则，以及发展出处理负向阳性原则的能力，否则就会一次又一次被人视为弱者，遇到像小矮人这样，就会对自己恣意咆哮、任意伤害、粗鲁对待。童话故事里的姐妹俩善良又甜美，总好像可以逢凶化吉，但在真实世界里，内在太过善良和甜美的女孩，是会被欺负、被欺骗和受伤的，如果欠缺自觉，就会一再掉入明明真心对待却总遇人不淑的困境。

脱离单一，走向宽广与自由

女性从宛如沉睡的集体无意识里走出来，先遇见熊所代表的正向阳性原则，后遇见小矮人所代表的负向阳性原则，两者的出现，启动了女性内在的发展，但是，这个原本满溢甜美、纯粹、快乐与善解人意的世界，除了欠缺阳性能量以外，还欠缺了负向的、黑暗的阴性原则。在姐妹俩宛如迪士尼电影的世界里，没有黑暗的角落，没有愤怒的能量，没有竞争、挑衅、挑拨、嫉妒……这些女性能量里也极度需要被关注、接触与处理的负面特质。

每个童话都在讲述以及解决一个精神世界动能滞留的问题，在这个故事的第一幕，无论男性能量或女性能量，似乎都停滞不前。童话用了熊和小矮人来代表阳性特质。熊，虽然正向，却仍然遥远而没有发展，而两股男性能量，无论是熊的还是小矮人的，都拥有藏在森林深处的金银财宝，这两个阳性的象征是丰富的、有活力的。相较之下，女孩们与母亲是穷困的人，她们需要从动物性与男性原则里找到自己缺乏的。

场景的转换也揭露许多信息。比方说，姐妹俩的日常生活从小屋和花园开始，而熊与小矮人的活动场域却是森林。小屋邻近森林，姐妹俩走进森林，意味着进入意识深处。森林带给人们的感觉好像非常危险，却又充满挑战，在精神世界里，珍宝代表的就是生命力，为了拿到这么珍贵的金银财宝，就必须离开森林旁边那间孤零零的、与世隔绝的小屋，走入森林与各种事物相遇，让不同的内在成分有机会长出来。

所有事件都发生在森林里，意味着人与自己在潜意识里相遇。当童话主人翁克服挑战拿到珍宝时，这个人变得富有起来，可以买这个买那个，去任何地方玩耍旅行。精神世界里的意义也是一样，当冲破困难得到生命力时，一个人会突然感觉富有，拥有一种自由、扩大的感受，在精神上获得财富，就拥有了生命的宽广和自由度。

第三次、第四次与小矮人碰面，是在姐妹俩要到城里买线与回程的路途上，换言之，已经穿越了森林、走出了森林，意味着原本未被意识涵容的，至此得以浮现，如果姐妹俩没有发展自己的阿尼姆斯，是没有办法走到这一步的。当她们终于获得、终于穿越，最后到达王城，成为王子的妻子，以及后来的皇后，并搬到王城居住，意味着这些无意识的珍宝已经完成意识转化的过程，成为我们可以拥有的内在财富。

与内在的小矮人相遇

童话故事里，主角和其他角色的相遇，代表了人类和自己精神世界里长出来的某些特质相遇。姐妹俩遇见小矮人，为什么要用这样的一个角色来代表阳性特质呢？小矮人住在地底，善于收集跟挖掘金属和珍宝，所以是极聪明的。许多欧洲童话里的小矮人手是巧的，会做首饰指环，是厉害的工匠、铁匠、金匠。当小

矮人现身，而且被抓住，意味着创造力出现，以及被拥有，这种
去探查内在那些最珍贵特质的敏锐，就是一种创造性的冲动。

　　创造力也不能容于完全的甜美，所以姐妹俩必须离开原本的
世界，接触这个不同特质的能量，然而，因为之前没有机会好好
发展，这个被禁闭了许久的特质，突然之间，门被打开，被允许
出来。刚走出来时，必然歪七扭八，意思是很难一开始就长好、
就顺利，得花上一段时间教导和培育。

　　好比故事里的小矮人，固然聪明，但是又偷又抢，自私懒惰，
危难时得到姐妹俩的帮助却不知感恩，时时刻刻都在计较与竞争。
姐妹俩遇见小矮人的场景，就像很多女性在初发展内在男性特质
时，出现的一种还很粗糙的样貌。冯·法兰兹提醒我们，对女性
来说，小矮人善于手工、善于技艺，所以经常代表着一种工具性
的阳性能量。

　　相较于冯·法兰兹的时代，现代女性拥有更多机会使用到内
在的阳性能量，但是我们还是可以发现当女性在发展内在阳性能
量时，很容易停留在这种工具性的、技术性的事情里，譬如把自
己局限在助理或者助手的角色里，期许自己成为一个大系统里极
度被仰赖的工作者，而非决策者，只使用到小矮人的阳性动能，
而这个尚未发展完足的阳性动能，固然有其功用，但也有许多负
向面。

　　故事里的小矮人，敏锐精巧，擅长发现和收集，其实是很厉

害的，但是因为自我设限，所以情绪常常暴燥。也就是说，这种工具性的理性、工具性的思维以及过于细腻的注意力，往往扼杀了创意迸发时那种宏观的魄力，而陷入细节的操作。

小矮人的歇斯底里也跟胡子连在一起，胡子、头发都和思考有关，这些从头部长出来的千回百转，很容易跟现实世界的琐碎纠缠在一起。很多女性具备多重角色，每天这里也忙那里也忙，忙来忙去，陀螺一样转个不停，就像小矮人的胡子，总是被卷进各式各样的情境，无法脱身，无法看到更宽广的世界。

小矮人现身且屡屡召唤两姐妹的帮助，甜美纯粹的女性，就不得不跨出发展内在阳性能量的第一步——出手拯救小矮人。如果没有小矮人，姐妹俩也不会遇见王子，换言之，精神世界发展的第一步，就是离开被保护的、比较安全的世界，愿意面对困难，接受挑战。

天真的危险

很难忍受故事里姐妹俩的反应吧？简直善良到有点蠢的程度。过于美好的世界，只能容许单一且正向的女性能量发展，当

她们走入森林，接触阳性世界，理应顺势发展阳性能量之时，还
继续套用这种太过天真的、毫不怀疑的、完全接纳的、彻底正向
的态度，我们可以说，正是这种过度怜悯与过分同情的天真，使
得她们陷入危险。

这些看似非常美好的特质，有时会使女性陷入险境。环顾周
遭，仍然有许多一再被欺骗、一再被伤害的女性。身心或情感的
"一再被伤害"背后，通常有一种"我还可以包容、我还可以了解、
我还可以拯救"的心态，而这种过分夸大、过度发展自己女性特
质的现象，隐含着躲避、逃开内在女性特质分裂与转化的契机，
所以即使他人像小矮人那样伤害自己、咒骂自己、完全不珍惜自
己的付出，也还是觉得"哦，那没关系啊"。停留在发展过度的
纯然美好的女性特质里，一直回避阳性特质、拒绝发展阳性特质，
内在的力量无论如何也长不出来，最后只好拱手让出阳性特质，
把决定自己命运的权力交给对方。亲密关系里的暴力、被虐、恶
意对待，就是类似的处境。

我们常说"可怜之人必有可恨之处"，在这个故事里，两个
女孩当然不是坏人，但是在她们的可怜里显然有种回避和拒绝，
有种不肯、不愿长出内在分辨是非与避免危险能力的顽固。在这
样的女性身边，我们刚开始可能会想帮助对方，可是帮到后来，
一定会觉得沉重、厌烦，甚至发脾气，尤其当这个人是非常亲近
的人，例如自己的妈妈。

因为姐妹俩用过分接纳的态度来回避内在发展，拒绝辨识危险，所以这么美丽和可人的女孩必须遭遇三次考验。第一次，她们帮小矮人剪掉卡在树缝里的胡子，那个咔嚓一声是非常爽快的，尽管事后小矮人大怒。纠缠的胡子，象征着心灵被卷进无法辨识的困境，白雪拿出剪刀咔嚓一下剪下，意味着心灵采取了发展的行动，当发展到了某个程度，才会进入下个阶段。

死亡与救赎

姐妹俩从头到尾没有太大改变，但就在第四次遇见小矮人时，熊跳出来，完全不理会小矮人的求情与推托，一巴掌挥落，直接果断地就把小矮人打死了，这么原始的、直觉的、直接的出手，就是阿尼姆斯的特质。如果梦到某个在内在精神世界里很活跃的人物死掉，通常代表某个困境终告结束，这个人所象征的能量终于被收纳到意识里，不再需要用象征的方式继续在潜意识里占据一席之地。童话里的小矮人之死正是如此，因为持续与外在世界接触，发展出判断决策与直接行动的能力，不再需要用一个扭曲的、跳来跳去的、情性暴戾的小矮人来表征女性内在尚未发展完全的阳性能量了，熊与小矮人合而为一，王子出现了。

被魔法控制的王子或公主，也是精神世界的原型。魔法会改变一个人的样貌，这个人必须到外面很努力地走一圈，才能变回原来的样子，换言之，魔法是为了催逼一个人找回本来的样貌、找回本心与初衷，因此通常也伴随着救赎的内涵，因为救赎就是找回来、救回来，要赎回真实的自己，代价必定是极大极多的付出和牺牲。

被魔法控制，也可以视为内在有个想要发展出来的自己，因为被某种情况所制约或掩盖，很难被看见或揭露，在这个故事里，王子一直被负向的阳性能量所压制，一开始只能用熊的形式出现，必须通过小矮人钻地、挖掘、偷取，才能慢慢看见被魔法控制的状态，才能揭露与展现自我。

释放与冲撞

过分容忍的女孩，后来长成过分容忍的女人、过分容忍的妻子和过分容忍的母亲，这些都可以被视为一种未发展的女性状态。以过分容忍现身，且一直以无法表达的方式表达自己。因此，我们不难想象，当一位"好女孩"步上发展和转变的道路时，旁边的人一定会感觉到张力。

我曾经跟一位女性工作，她是好家庭出生长大的好女孩，嫁到另外一个好家庭，成为好媳妇、好妻子和好妈妈，每个角色都称职。她来自日式教育的家庭背景，来找我时，总是穿着合宜的洋装，戴着美丽的珍珠项链，即使当了妈妈，还是很甜美温柔。但是，一旦开始往内探索，她改变了，她形容自己是"住在玻璃屋里的女孩"，而这个发现让她觉得伤心，她开始生气。她的先生是负责又尽心的男人，自认为没有对不起妻子，不明白为什么她会改变，于是来问我到底发生了什么事情，让她从那么好的太太、那么好的媳妇、那么好的妈妈变成现在这样，常常哭，常常找他吵架，常常有不同意见。然而，太太却说："我一直都是这样，只是以前不说，而现在决定说出来！"

这就是一位走出外表的甜美，开始往内在探索，找回真实自我的女性。周围的人一定不舒服，因为"小矮人"跑出来了，开始计较，开始要求，开始抱怨，开始否定。从像伊甸园般的世界掉落地底，不断地扭动挣扎，其实是为了厘清内在的许多纠结，然而自己也不清楚发生了什么，有时态度恶劣如同小矮人，有时变得很有力量，有时身体的感受变得丰富、敏锐以及愉悦……这和出发时的自己大不相同，从滞留在最初那个固定形貌里，到原始的、动物性的直觉本能开始涌现的时候，我们会体验到一种释放的快乐，但对于他人与世界，当然会是一种反差与冲撞。

白雪对姐妹说："我们不要分开，我们要永远在一起！"这里所呈现的可以说是一种几乎没有阴影的女性情感。阴性特质最重要的特征就是联结彼此，让我们永不分开、永远相伴、一起面对。但这并非阳性特质的重点，阳性特质总是目标导向，从这里到那里，规划、发展、行动、执行，然后完成。

如果可以同时具备阴性的联结和阳性的行动当然最好，所以姐妹俩从纯然联结的世界里走出来，与阿尼姆斯相遇。而阳性能量在这个故事里也很甜美，因为熊一出现就说："请你不要害怕！我不会伤害你。我只是被冻着了，我想要依偎在你身边！"啊，原来这只巨兽不会伤我，我不认得它，但是我觉得它很有野心或者很有想法，我很害怕这样的冲动出来以后，会毁掉我所熟悉的世界，这就是许多女性进行自我发展时的真实感受。

我们渴望发现内在的另外一个自己，可是那个自己又会让自己害怕，但是请记住这只熊，它用"我只是被困住了、我只是被冻住了"说出恳求，提醒我们去发现被集体压制着、已经失去活力的内在状态。"我被困住了！"这是日常中常使用的语言。精神世界里，当我们被阴性特质全然包围以致不能动弹，内在的阿尼姆斯没有办法找到机会和角度采取行动，就会被困住、被冻住。如果我们内在也曾经感受到那个冰冻与被困，为什么不突围呢？唯有停下来，想清楚，做决定，女性才能把自己从阴性特质里解放出来。但是王子所代表的正向阳性能量，不会一开始就起作用，还是需要先经历让自己内在不那么舒服的种种计较、竞争与好勇斗狠，要经过这些，且愿意面对，才能够转化。直到最后，王子才说："我是一位王子！小矮人（负面阳性能量）偷走我的珠宝（霸占阳性能量），并且用魔法把我变成一只熊，在林间乱跑，只有他死掉，我才能解脱。"

回应内在的求婚人

王子代表拥有许多珍宝、完整与美好的阳性。童话里的公主，通常得向外找一位王子，就像世俗概念中女人得向外找到一个男人。然而在精神世界里，公主与王子的结合，指的是原本完全处于无意识、跟随集体价值而生存的女性，在内在发展的历程中，找到了属于自己的决断力和行动力；一旦内在的阳性能量终于长出来，那位如同黄金般的王子就出现了。

熊曾对姐妹俩说："饶了我吧，孩子们！你们快要打死向你们求婚的人了！"这其中有一点点打闹、一点点情爱、一点点彼此追逐和吸引的趣味，这正是我们和阿尼玛、阿尼姆斯的关系的核心特质。

荣格学派有关阿尼玛与阿尼姆斯的动能，虽然一部分可以用我们所熟悉的阴和阳来理解，但阿尼玛或阿尼姆斯原型的发动，似乎更强调情感或原欲等创造力的层面。就像真实世界里，当公司或团体涌现一股暧昧、喜欢、打情骂俏的气氛时，人人都很兴奋，变得开心、变得有创意，精神世界也是一样，当与内在的阿尼玛或阿尼姆斯相遇时，那种互相吸引、让人从昏沉里醒来的动能，可以笃定地说，就是一种恋爱关系。

姐妹俩嫁给两位王子，形成两对夫妻，但是故事没有停在"公主嫁给王子，从此过着幸福快乐的日子"，而是母亲搬来跟两个女儿同住，也把小屋窗前两株红白玫瑰移了过来，种进皇宫，年年盛开。这里的母亲可以被视为女性的智慧老人，具备了采集、移植与传递女性智慧的能力，经由自身从孤独贫穷的寡妇到类似皇太后的位阶，让原本故事开始那种纯然甜美的女性智慧，得以整合、转化成为丰盛绽放的女性智慧。故事结尾的这两株白玫瑰与红玫瑰，从不知到知，从不能到能，早已不是当初的那两株了。

第**8**章

爬出玻璃山：
老头伦克朗

女性的现代化议题

阿尼姆斯作为女性内在阳性特质的原型，它的心理动能的概念如果对应中国文化，举凡"阳"这个字所指涉的似乎都适用。它是太阳，日出的力量；它是能量，促进发展与成长；它是行动，而且往往奠基于思考、组织与逻辑。

心灵原型的发展受到意识生活的影响。传统社会不鼓励女性读书、投身公共领域，也不鼓励女性发展个人事业，限制了女性发展其自身的理性与行动力。这些女性进入中年，内在发展的渴望启动时，有许多人会把自身的"阳"投入纯知识性或者宗教灵性的团体，例如组织读书会、修一个学位、参加服务性社团、在教会服侍、去庙里修行或者担任义工。尽管近代社会开放对女性求学与工作的机会与资源，但回顾历史，如同提出"平庸的邪恶"的政治理论家汉娜·鄂兰一样通过发展思想而成为重要思想家的女性仍属少数。

荣格谈女性内在的阿尼姆斯，讨论的是思维与灵性、精神性向度。在荣格那个时代的女性，主要工作多在处理家务、照顾家人、维系人际关系，是扎根于现实生活的功能。因此女性的阳性能量的发展，在中年之后显现出来的样貌就多为向上的超越性，通往精神性的路径，而非现今社会里的职场竞争或者权力竞逐。

然而，职场竞争与权力竞逐却是许多女性此刻所处的生活现实。越来越多的女性成为国家或地区领袖、跨国企业总裁，许多女性在过去被男性所垄断的政治、社会、科技与文化版图里占有一席之地。以前我们说"男主外、女主内"，但现在，家庭以外的世界，充满了女性的身影，这些集权力与能力于一身的女性，她们的精神世界，阳性能量一定是非常活跃的，走出家门赶赴职场竞逐的女战士们，是否就是一群把内在阳性特质发展得很好的女性，这是一个需要探讨的主题。

现代职场上的女性，若要达到社会所认可的成就，内在的阳性能量必定是被高度激发，可是心灵长久处在这种激发的亢奋里，很容易会疏离内在的阴性特质。这个现象，正是 21 世纪女性心灵发展所遇到的独特挑战：在男性已然熟稔而女性才正要参与的权力游戏里，女性要怎样才能发展成为一个完整的人？

在童话《白雪与红玫瑰》的故事（本书第 7 章）里，谈的是对于纯粹女性的过度认同，一个完全不曾发展阿尼姆斯的女性，必须奋力挣脱，才能打破长久以来主流文化对于女性认同所塑造的单一样貌，完成个人内在的发展历程，而本章我们要聚焦的是女性在自我发展上，如何与内在的阿尼姆斯或外在世界的男性形成平衡与和谐的关系，乃至最后达到自我整合。

认识原型

《老头伦克朗》被收在第六版的《格林童话》里，是一个源自德国北边，用当地方言讲述，通过口语流传下来的故事，被转译成文本时有其难度，所以我们可能读到好几个不同的版本。这是个简单的故事，场景很少，只有两幕。故事发生在两个世界之间，从地上世界移动到地下世界，在地下世界停留、经历，然后回来。它具备许多童话故事共有的老套元素，而这些熟悉的元素就是值得审视的心灵原型。

阅读这些古老的故事不是为了找到新鲜的创意表现，而是为了对这些具备原型力量的象征增加熟悉度，丰富对象征的感受，打开对象征的想法。如此一来，我们就开始养成一些能力，借由象征的力量，打破既是个别性又是集体性的局限。对童话的理解，必须有个人性的参与才能产生意义，也就是从故事情节联结到个人的生命经历、历史，以及自我所认知的世界。

但童话还提供另外一种同时并存的，我们姑且先称之为"老套"的阅读体验。因为读过这类故事和情节多次之后，人人都开始体会到存在于老套里的某种恒常与永恒，好比某个角色又做了同样的蠢事，某个角色又掉进同样的地洞。当我们一次又一次在心里喊叫"啊，又是这样"，就是代表自己一次又一次觉察同样的原型和故事主题，童话故事对于我们之所以有意义，不是故事写得多么奇巧，而是让我们有机会捕捉存在于这种古老形式里面的永恒，看出我们与原型以及其象征意义之间的关系，通过诠释，拥有属于自己个人或者这个时代的新的意义。

许多家有幼儿的父母会有这样的经历，为小朋友说床边故事时，一模一样的故事，爸妈讲烦了，孩子还要一再地听和讲。我认为这是非常值得珍惜的心灵状态，由于孩子内在还没有一个清楚的"我"出现，他们可以反复浸泡在原型的世界里面，不断享用故事里的古老永恒，而我们成年人，大多已经离那个世界非常遥远了。

OLD RINKRANK
老头伦克朗

很久以前，国王有个女儿，他下令造了一座玻璃山，然后对外宣布："谁能走过这座玻璃山，中途不跌落，我就把女儿嫁给谁。"

有位爱慕公主的年轻人，问国王是否能娶他的女儿。"哦，当然没问题，只要你能爬过这座山，就可以拥有她。"国王答。公主也喜欢这个年轻人，说要跟着他一起去爬山，万一年轻人摔倒，她可以抓住他、扶他一把，于是他们一起出发。爬到半山腰，公主脚一滑，摔了下去，玻璃山裂开一个口，公主就从那个口掉进山里。裂口很快收拢，她的心上人看不见她，也找不到她，便放声大哭，悲痛得不得了。听到消息以后，国王也心如刀割，派人把山挖开，务必把公主找出来，可是这么大一座山，根本不知道公主在哪里摔落，所以也找不到。

公主摔得很深，最后落在地洞里，有个白胡子老头跑过来对她说："如果你愿意做我的仆人，听从我的命令，就可以活命，不然，我要把你杀死！"公主没法子，只好跟着他走。

每天早上，老头从口袋里面掏出一把梯子，把它靠着山壁架好，顺着梯子一阶一阶爬上山顶，到了山顶以后，他就把梯子收起来放回口袋。公主必须待在家里，也就是地洞里，为他做饭，为他收拾，为他洗衣服，为他铺床叠被，做一切杂活。到了晚上，老头回来时，总是扛着一只袋子，里面装满金银珠宝。

公主就这样住下来，日复一日，年复一年，直到公主都老了。这时，老头给了她一个名字，她叫"曼丝萝大娘""曼丝萝妈妈"或者"曼丝萝老婆婆"，公主则他叫"伦克朗老头"。两个老人就这样日复一日，年复一年，在地洞里过日子。

一天早上，伦克朗老头又出门去了，曼丝萝妈妈先把床铺好，把碗洗好，但忽然就把所有的门窗关上，只留一扇小窗户。伦克朗老头回来后，边敲门边嚷嚷："曼丝萝妈妈，快给我开门。""不开，"曼丝萝妈妈答道，"伦克朗老头，我不会给你开门。"

伦克朗老头说："可怜的老头伦克朗，站在17条长腿上，腿站得又累又酸，快帮我把盘子洗好，曼丝萝妈妈。"曼丝萝妈妈回："你的盘子已经洗好了。"

伦克朗老头又说："可怜的老头伦克朗，站在17条长腿上，腿站得又累又酸，快给我铺床啊，曼丝萝妈妈。"曼丝萝妈妈回："你的床已经铺好了。"

伦克朗老头再喊："可怜的老头伦克朗，站在17条长腿上，腿站得又累又酸，快给我开门啊，曼丝萝妈妈。"

喊完以后，门还是不开，于是伦克朗老头开始绕着房子跑，看看有什么地方可以进去，跑着跑着，看到了那扇打开的小窗户，心想："我可以从这儿偷偷看进去，看看她到底在干什么啊，为什么不给我开门呢？"

伦克朗老头想把头探进窗口，但因为胡子太长太多，一时之间进不去，于是决定先把胡子塞进去，再把头塞进去。胡子刚塞入窗户，曼丝萝妈妈就一把拉下预先挂在窗户上的绳子，窗户落下，刚好卡住老头的胡子，胡子卡在窗口，无论老头怎么用力拉也拉不出来，于是伦克朗老头哭了起来，因为实在太痛了。他不停地哀求曼丝萝妈妈饶了他，可是怎么哀求都没有用，曼丝萝妈妈要他交出那把爬山的梯子，老头一点也不愿意告诉曼丝萝妈妈梯子在哪里，但是到头来没办法，只得告诉她。拿到梯子以后，曼丝萝妈妈拿出一条长长的绳子拴在窗户上，然后搭起梯子向上攀去，等她到达山顶，把绳子一拉，窗子就松开了。

她赶紧跑回家，不仅国王很高兴，她心爱的人也还在等她。他们率领人马去玻璃山，找到伦克朗老头，也挖到所有的金银珠宝。国王下令把老头杀了，拿走他所有的金子、银子与珠宝。

后来，公主与心上人结为夫妻，从此过着幸福快乐的日子。

这个故事的结构，在地上与地下两个世界之间。首先，公主的父亲盖了一座玻璃山，凡想娶公主为妻的，都要完成攀爬玻璃山的挑战。故事有个常见的开场，就是挑战——要娶美丽的公主、国王的女儿，就得通过挑战。拯救公主、通过挑战，通常是王子的故事，但这个故事却是公主的故事，所以此处的挑战，饶富趣味与意义。

接下来的转折也很特别，故事里滑一跤的竟然不是王子，不是追求公主的年轻人，而是公主本人。公主掉进很深的山洞，遇到了一个老头子，有着长长的胡子，那时候，还不知道他叫作伦克朗。从地面上掉进地底下的公主，在那里生活多年，经过许多挑战，最后，她变得机智与聪敏，解决了问题，成功地逃脱。简单地说，有一座山，她掉下去，生活多年，然后成功逃脱，回到地上，从此过着幸福快乐的日子。

缺席的妈妈与退位的爸爸

故事开始只有两人，国王和公主，皇后不存在；爸爸和女儿，妈妈不见了。对这位公主来说，好像没有可以学习如何发展女性自我的对象，所以她的阴性特质可能是不稳定的、脆弱的、不全的或者偏离的。虽说学习女性自我的对象不限于母亲，还有阿姨、姑姑这些亲人，但是皇后代表了女性特质的直系传承，这是我们的女主角在发展上所欠缺的。

内在女性特质的样貌不稳定，原因有很多，例如母亲的缺席或者跟母亲的关系不好。有些人的母亲更像是严父，又或者有些人的母亲自己内在的阴性特质也很脆弱，没办法担负起传承的责任，这个故事就是如此。公主没有学习或传承女性特质的典范，不过，她有爸爸，而且这位爸爸还是一位国王，是这个王国里最强大以及最有权力的人。

有关国王的象征，第一种观点就是国王代表了神，是集体权力的最高代表。长久以来，当人需要倚靠终极信仰或者神圣存在时，便相信神会指派一个人在地上代替她行使意旨，这个人就是君主、王者、国王，中国人更直接称之为天子。

另外一种观点，国王代表了人类意识中集体与主流的总和，凡大家认为对的与好的东西，都由这个人来代表。但这个总和，就像国王与他的王朝一样，随着时光流转，会兴盛，也会衰老，当国王衰老时，王位的主人就必须更换。换言之，本来很有价值的某一特定思维、意向、价值标准，当情况改变了，会失去力量，甚至被置换。这就是为什么童话中经常出现国王老了、国王病了、国王没有子嗣这类主题，这样的主题可以被视为代表某些集体主流的价值已经濒临汰旧换新的状态，继承与更新就是"国王老了"这个剧情的内涵。

这个故事虽然没有明说国王老了，但是这位国王想到女儿长大，要帮她找夫婿，好把王位传给他，表示国王意识到传承的重要，并且开始有所行动。国王的想法是，我的女儿漂亮、聪明又可爱，不如遍邀天下英雄，挑一个最好的、女儿喜欢的，等他们结了婚，我就可以把权力交出去。国王的如意算盘也正是我们内在世界精神流动的理想状态，时间到，花就开，叶就落，果就熟；时间到，又会有新的嫩苗萌发出来。

玻璃山的挑战

　　故事通常始于一个需要被解决的问题。尽管知道应该汰旧换新，但是国王对于把权力交出去似乎还是有点舍不得，所以叫人造了一座玻璃山，仿佛在说，山是我打造的，所以你要通过我的挑战，你要被我认可，你要有能力攀爬这座玻璃山而不坠落，你要给出证明，证明你够格继承我的王位。

　　假设国王代表式微的主流价值，就不难明白这里有个难以放下权力的关卡。我们常常说，这个概念老旧过时了，那个办法已行不通了，可是要掌权的一方主动放弃影响力和控制力仍是困难的，这就是故事里国王的心情，所以才决定建一座难以攀爬行走的玻璃山，并提出不可从山上坠落的要求。老王要传递权力与位子给下一代，往往要继承者证明自己的能力，才愿意放弃权力，可是这个国王却建立了一座光滑无比的玻璃山，表达了他好似准备好却又难以放弃权力的态度。

《老头伦克朗》是德国北部流传的故事，挪威也有一个童话，就叫作《玻璃山上的公主》。玻璃是人造的而非天然的，制作玻璃的原料硅砂必须与碳酸钠熔融，经过研磨、配比、熔炼、成型与冷却的步骤，才能成为晶莹剔透的玻璃。玻璃表面光滑平整、质地晶莹剔透，光可以穿透，物体却不能，这样的特性经常带来错觉，以为可以到达彼处，然而实情是，视线可以穿越的，身体却无法通过。

"玻璃天花板"是英文里一个富有想象力的比喻，指的是企业或组织中的特定族群，例如女性或少数族裔，无法晋升高层主管或决策核心的潜在限制/障碍，这些限制/障碍并未明文规定，却如同玻璃般那么实实在在地存在。当代社会的职业女性一定颇有同感，以为自己步步为营、尽心尽力地往上爬，过了十年、二十年，总会得到应得的职位，没想到爬上去竟然碰到那座坚实的玻璃天花板，所有看得到的都拿不到。

回到古老童话，玻璃同样意有所指。《老头伦克朗》里的国王打造了一座玻璃山，邀约四方英雄来爬山，谁能爬上去，就能娶到公主。玻璃本来就滑，从山上掉下、坠落是很容易发生的，暗示着要很努力才能完成这项任务。其次，玻璃同时呈现了里面和外面，让人以为可以穿透两个世界，却又被硬生生地阻断。

玻璃这种"好像穿透了却又被隔绝"的特性，正是"思维"的特性。思维常常让人以为"我知道啊"，不过，我们却知道这个理解是一种看似清晰却完全无力的知识，因为我们体验到的生活真相会是"我知道啊，可是我做不到"，"我就是没办法改嘛"，"我就是没办法避免嘛"，"我看得很清楚，我知道、我知道，你不用告诉我啦"。如果我们持续不放弃对自己的探索，或许在某一个当下，我们会突然得到一个领悟："我以为我知道，我以为我看得很清楚，直到用身体、心理、精神全部去体验后，我才真正地知道，这跟以前我以为的'我知道了'完全不一样。"

玻璃所象征的"我以为'我知道了'"是思维的理解，对于生命的转化而言，这种玻璃式的理解，是人为的，是人类制造的，是思考的产物，所以有种遮蔽与欺骗的作用，无法真正地穿透。

涂上水银，玻璃就变成了镜子，镜子也经常出现在童话里。镜子会映照我们的样貌，让我们看见自己，可是镜里的自己却又是倒着的，所以正当我们以为看见了自己，这个自己却非真正的自己。不过，这个反照是极有价值的，因为我们可以借此反思、反省此刻的状态，换言之，只要我们如实面对思维，正好可以借此反映自己的现况。思维如同镜像，有其意义，也有其限制。

父亲的女儿

《老头伦克朗》里的公主是个强悍的女性，身上具备了大量的阳性特质，内在男性能量的发展或动能远超过女性的能量。故事一开始，公主跟父亲在一起，而父亲为女儿挑选夫婿，就像在为女性内在挑选重要的阳性特质。无论女孩或男孩，我们跟自己内在阴性特质最早的接触来自母亲，跟自己内在阳性特质最早的接触来自父亲。这里的阳性特质以玻璃山为代表，那座玻璃山需要攀爬、克服、登顶，这是一项艰巨、困难、没有温度的任务，得非常强悍才能做到，父亲通常就是这样建构、传递他的价值观给我们。如果女儿完全认同父亲这些主流价值观，可能会变成非常努力、非常上进的小孩，她会内化这些价值观，为这些价值观奋斗、付出，所以自己成为攀登跟征服玻璃山的那个人，不只如此，她的伴侣也要认同并加入阵营，所以公主要与爱慕她的年轻人一起攀爬玻璃山。

玻璃山像高楼般耸立，一位父亲用直接或者间接的方式告诉女儿，要成为她的丈夫，必须有能力克服困难，会攀爬且零失误，最终要征服人类文明所创造的高耸的玻璃山，父亲的女儿、国王的公主，因此有了两个选择：一是努力让自己变成这样的人，二

是挑选这样的男人结婚，《老头伦克朗》里两者皆备，因为公主
跟着年轻人一起去爬山，告诉他："万一你摔倒，我可以抓住你、
扶你一把。"

　　首先，如果高度认同父亲的价值观，矢志完成父亲交付的任
务，就得兢兢业业、小心翼翼，因为爬玻璃山如同滑冰一般，总
是很难立足，许多职业女性在职场的处境就是如此，得非常小心、
非常努力地面对父亲打造的这座玻璃山。

　　其次，如果女性的内在自我不够稳定，没有母性模范可以遵
循，同时又高度认同父亲，也会形成某种偏倚的父亲情结，并通
过爱情关系来展现，也就是检查自己的伴侣是否符合标准。《老
头伦克朗》里，凡追求公主的，都要通过玻璃山的挑战。公主根
据父亲的认同来挑选丈夫，幸运的话，说不定从此过着幸福快乐
的日子，但是心理学注定要跟这种被幸运之神眷顾的说法唱反调，
一个人自我发展如果企图仰赖一种关系来完成，迟早会被困住。
荣格心理学的理念认为，自己的路自己得走，人生前半段没有扛
起的责任，在中年或中年以后，还是要回来面对。

长征始于爬山

爬山这个概念也常出现在童话当中，大概仅次于进入森林的这个意象。爬山像是段旅程，路途从你住的地方出发，到某一个地方，开始进入。在海上搭船航行，或者走入山中，都是进入潜意识的代表，也往往是一些人开始自我内在探索，接受心理分析的初期，梦中常出现的意象。

我的一位女性个案，因为移居他国无法继续自己原有的工作，被迫必须转换一个行业，她需要从头开始学习一个新领域的知识，可是她却陷入忧郁。她梦到自己重新成为大学新生，一群人去选课，同学们都穿得漂漂亮亮的，她说："我们开始爬山，因为我们要选的那门课，教授的办公室在山坡上，路很泥泞、难走，路好滑、好危险。"差不多就跟爬玻璃山一样，她感受到生命面临一个重大的挑战。

如果我们以理性思考认为她的忧郁和焦虑是因为移民到了新国家，原来的经验与学历都没用了，所以她产生了生存焦虑与适应危机，所以要协助她增强对现实响应的能力，查看就业市场的需要，接受职业训练，把不足的能力补起来。这些当然是重要的工作，可是探查更深的层次，她其实还碰到一个隐藏的议题，就是中年危机。人生已到中年，过了四十岁再度面临人生转折，这个转折所代表的已经不只是换个行业或者换个工作而已，这里面蕴含的意义和挑战，必须被辨识出来——亦即"生命的价值何在"。她需要知道自己到底在做什么，为什么要走这条路。这不再是薪水多少的问题，而是继续走下去她到底会成为怎样的一个人。

"爬山"常常在个人梦境与童话故事中出现，像是《魔戒》里面的长征之路，它很能代表我们在追求自我整合之路的时候，必然会碰到的挑战，通常是我们极不愿意面对，可是又无他路可走时的挫败、困难，以及不知道该怎么办的这种过程。玻璃山在这故事里，就很能代表公主攀爬背后的这个内涵。

坠落与翻转

考完高中考大学，大学毕业进入研究所，之后买车、买房、成家、立业……能够跨越这些人为挑战，就能得到，就能拥有，玻璃山在当代的意象仍然巨大而真实。"如果能够成功越过此山，你就可以拥有她"，这个声音不管来自外在的真实男性还是内在的阿姆尼斯，都是在对我们里面的男性自我喊话，只要完成任务、通过挑战，就可以拥有公主所代表的、一份极为珍贵与美好的认可或爱情。

但我们心知肚明，面前的挑战一个接一个，小时候可能是父母为自己设的，长大后变成自己为自己设的，就像跳高的竿子会不断升高，童话里这座玻璃山是永远爬不上，也永远爬不完的，所以必须有个翻转，在某个瞬间，突然就失足、滑下与坠落了。坠落是必要的，如果没有这个瞬间，只能继续不断攀爬，但究竟要小心翼翼地爬到何时呢？既然自己停不下来，只好等着外在重重的一拳或者命运无预警袭击，公主就是这样摔跤跌倒，"咚"一声掉下去的。

批判、评断、激励，就是女性内在父亲的声音、阿尼姆斯的声音，在这个故事里，转化成透明晶亮、无比巨大的玻璃山，要攀爬，要通过，公主才能与王子结合。有些女性一辈子都在爬玻璃山，爬上去，发现没有到顶，再往上爬，还是没有到顶，因为这座山会自动长高，没完没了，只好每天告诉自己："我要更努力！快乐一下就好，明天要更努力！"这种永远无法认可自己、肯定自己与相信自己的心态，就是阿尼姆斯的难题以及《老头伦克朗》的起始。

不小心滑一跤，整个世界都翻转了，原本往上走的，变成摔进黑洞里，世界瞬间风云变色，感到孤独无助、无处可去，这就是我们遇到意外疾病、重大损失、突发伤害或者中年危机的感受。

如果失去的是健康，原本身体可以做到的，突然做不到了；如果失去的是金钱，原本家境可以负担的，突然间不行了。遇到这些事，人就被推落，感受到生命的苦痛，但这些具有反转可能，还不至于彻底毁灭我们的苦痛，往往成为生命往下个阶段行进时最好的契机。

我们无从得知坠落何时发生，但知道它必然会发生，一旦发生，生命就会翻转，从外在世界的攀爬，转换成内在世界的挣扎，故事里的公主，仿佛被另外一个世界绑架，没有时钟无法计时，只能反复操持同样的家务，就这样被困在山洞里好多年。如果山洞象征个人内在，坠落让我们把能量从外在世界收回来，注入内在，这就是公主翻转之后所进入的地下世界。

地底的公主

童话里经常出现坠落，好比掉进洞里或者掉入井里；我们的梦里也会出现下降，好比乘电梯下楼或者走楼梯往下。往下、往上是两种不同的能量，往上有种提升或冲出的动能，带着突破、扩大的意味；往下，就是往地底走去，进入黑暗或者潜入潜意识的幽微之境。对公主来说，进入地底，就是命运翻转之始，为了活下去，不能再做公主了，得改当老头的女仆，烧饭、洗碗、铺床、洗衣，样样都得做。

苟且活命，意味着她原本在地上作为公主的自我认同彻底消失了，不仅如此，父亲消失了，爱人消失了，那个陪伴爱人一同克服父亲所设下的挑战的自己，也随着突然的坠落消失了。她进入另外一个世界，轮到伦克朗这个老头子来告诉她要怎么做才能活命。日复一日地做，不知道多少年，故事出现一个其他童话中不曾发生的情节，就是公主居然变老了！通常，不管童话如何铺陈，一旦进入主要的转折，时间就静止了，主角仿佛进入冬眠，到故事最后还是同样年纪，《老头伦克朗》不一样，公主在地底住下，随着时光流转，竟然也老了。

当女性把内在的阳性特质投射到外在男伴或友人身上，可能会发现关系也在瞬间翻转，就像故事里公主的遭遇，原本国王父亲是生活伴侣，后来做伴的变成老头子伦克朗；原本以为集万千宠爱于一身，后来变成默默无名的女仆，做着家庭主妇的工作，还被叫作"老婆婆"。

国王跟伦克朗这两个角色巧妙地内外互相呼应着，公主原本只认识外在的、光耀的阳性原则，后来才遇到负向的阳性原则，而这位负向阳性原则的代表伦克朗，拥有破坏的力量，可能会杀了她。真实世界也是如此，许多女性抱怨自己嫁错老公，因为老公会打她、虐待她，把她关在家里，切断所有对外的联结，她们原本以为能跟着爱侣一起征服世界，结果一失足，掉进另外一个世界，才发现自己年复一年被拘禁在黑暗地洞里，完全没有出路，感觉被困住、被限制，好像就只能这样过日子。

妮可·基德曼主演的惊悚片《复制娇妻》，改编自 1972 年同名小说，在看似美好其实孤立的小镇里，女性从早到晚打扫、整理，做蛋糕、做饼干、做三明治喂养小孩，为全家人准备丰盛的晚餐，每天做着一模一样事情的这些女性，等孩子上学、先生上班，窗帘一拉，就开始酗酒或者服用镇静剂。就像《老头伦克朗》里的公主，发现自己掉落黑洞，完全被捆绑在隐隐可嗅的忧郁的日常里。

除了从关系的角度来解读女性自我与负面阳性特质的相遇，好比说，因为嫁错人或者进入一个不对等的关系，所以掉进日复一日一成不变的生活里。还有一个解读的角度，就是把伦克朗视为公主内在的一部分，这个负面的阳性能量特质残酷，会用巨大且强制性的目标，通过破坏力与攻击性，压制女性内在的阴性特质，包括情感、直觉、感官等的发展。

伦克朗老头每天带着梯子出门，去挖、去偷、去抢，不择手段，就是要搜集宝物带回家里。如果我们把它视为现代社会女性的某种生存形态，她每天漂漂亮亮、光鲜亮丽地出门工作，在职场上打拼，可是内在用以联结与滋养自己的种种能力，譬如情感、直觉与感官，却完全被压制，被贬到一个不起眼的角落。如同故事里的公主，没有被放在尊贵以及被看重的位置，而被降为仆人，提供服务给内在这位负面的阳性自我，让其每天往上爬，朝着想达到的目标前进。

命名的意义

坠落，可能是一段极长的黑暗。得抑郁症的女性人数远远超过男性，这个现象举世皆然。对我们来说，不是拿出最新版《精神障碍诊断与统计手册》（第五版）对照比较，而是眼睁睁地看着一位又一位女性，在生命某个阶段，就这么直直落入抑郁的深渊，如同故事里的公主，掉进被关系压制或者被自我压制的处境，以及就这么无路可走地过了许多年。然而，随着年华老去，出现了一件有意义的事情，那就是公主得到了名字。

命名是有意义的。获得名字，是每个人生命历程的重要里程碑，因为有了名字，就可以被辨识。公主可以有很多个，人人都可能是公主，但这位公主此刻被给予了一个名字，伦克朗老头对她说："曼丝萝，你叫这个名字。"

　　冯·法兰兹特别强调名字的意义，为童话诠释再添一层理解的层次。伦克朗的意思是"红武士"，曼丝萝的意思是"男人红"，男的是老头红武士，女的是男人红大娘，两个人的名字都有"红"。红，通常是情绪高涨的，代表某种热情、某种生机、某种能量，以及如同太阳般热情、激烈、冲撞的可能。虽然两个人在黑暗的洞窟里过日子，每天煮饭、清扫，做一模一样的事，但是这里面慢慢迸发出来如火或如太阳般的转化契机。

　　为什么红武士代表女性内在的负向阳性力量呢？伦克朗每天出门，在职场里与人拼斗、厮杀，努力达成他人为自己或自己为自己设定的目标时，破坏性的阳性能量可能会出现在潜意识里且不自觉。比方说，即便女性通常是善于表达与联结的，我们仍会遇到一种极为典型的，不允许质疑、完全无弹性的女性主管，她们在工作上如石般坚硬，总是说："不要问了！就是这样！"在人际上欠缺温度，只呈现冷酷的一面。当事人自己不见得能意识到，但与之交手的人知道这就是女性内在破坏性的阳性能量，我们可以说，她的"红武士"现身了。

　　公主，指涉一种仍处于变动与发展的女性状态，如花苞或少女，还没有绽放，必须经过一个历程、一次穿越，才能成为价值确定的皇后。王子也一样，代表的是一种可能性，需要面对并通过发展的挑战，才能成为国王。《老头伦克朗》里的公主，作为一种可能性，在坠落之后，被捆绑与压制在一个小空间里，没日没夜地做着重复的事情，在看似平凡的日子、平凡的人生里，公主的内在开始出现力量，而且绝对是一股阳性的力量，从那个原本想要伤害她的负向阳性力量压迫下冒出来，出现了转化，从红武士转化为女性内在可以涵容，甚至有助于稳定与发展自我价值的"男人红"。

回到童话，伦克朗老头与曼丝萝妈妈两个人就这样在一起，直到老了，还是每天重复过着一样的日子，但是，有些东西慢慢形成、慢慢成形，某一天，曼丝萝妈妈决定逃跑，这个"逃跑"是非常女性与阴柔的方式，用直觉、点子与智慧来解决问题，而非男性本能的硬碰硬。逃跑的路径设计也很有意思，曼丝萝妈妈把所有的家务都做完，才把门窗紧闭，仅留一扇小窗，她知道伦克朗老头一定会从这里进来，于是技巧性地卡住他的长胡子。

胡子与梯子

经常出现在童话里的头发和胡子，跟生命力极有关联，它们一直长，甚至在人过世之后仍可以继续长。两者的差异在于生长

的部位不同，由于头发"从头上长出来"的联想，所以跟思维有
关，而胡子则由于跟嘴巴靠近，可以联想到表达。女性没有胡子，
所以《伦克朗老头》的胡子是绝对男性的与阳性的象征。留胡子
的男人，如同肌肉发达的男人，是一种汉子的刻板印象，再者，
我们常说"嘴上无毛，办事不牢"，没有胡子的，还是男孩，还
是王子，伦克朗一出场就是个老头子，长胡子也代表了成熟或者
老谋深算这样的男性特质，具有权威或威权的力量，在这个故事
里象征阳性的攻击与迫害。

　　《蓝胡子》的男主角是一位用婚姻诱拐女性来到自己城堡，
然后杀害对方的胡子男，他代表一种女性原始恐惧的对象，是女
性内在对于进入婚姻或关系的本能恐惧，女性既被这股能量所吸
引，同时也知道这里面蕴含攻击和危险。这也让我们想到部落的
抢婚，选择以阳性掠夺阴性作为男女结为夫妻的象征仪式，完全
展现了阳性的攻击性格。

　　长胡子伦克朗每天靠着梯子与外在世界接触，可是公主不行，
她一直被困住，直到成为曼丝萝大娘，才终于想出一个压制对方
的点子，就是用窗户卡住他的长胡子。卡住了胡子，好像就抓住
了伦克朗老头，究竟卡住的跟抓住的是什么呢？如果说头发是头
脑的延伸，梳理头发，就是梳理我们的想法与思绪；胡子贴近嘴
巴，有时我们张开嘴，把还不成形的、理不清楚的念头叽里呱啦
全说出来，说完也就过去了，如果一把把胡子抓住，就好像把这

些从潜意识里浮现的念头给抓住。

相较于男性，女性通常想得多、讲得多，但做得少，精彩的点子、深刻的感触，说完就过去了，总来不及捕捉并付诸行动，相反地，男性通常比较擅长捕捉、定型与落实。这个现象不只发生在外在的职场，当我们做内在工作要发展或推进时，定住也很重要，因为洞见、觉察很容易溜掉，一定要实实在在掌握住某些片刻的感动与触动，使之成型，否则就只能继续留在黑洞里操持、辛劳，日复一日，这是女性发展常见的议题。

所以曼丝萝妈妈必须抓住老头的胡子，潜意识里有些东西冒出来，让它们被意识所捕捉，也就是潜意识的意识化过程，然后再一步一步地逐步发展。我们天天做梦，如果持之以恒天天记录，就是捕捉稍纵即逝的潜意识信息，慢慢发现这些梦好像在对自己传达什么，跟着这些发现，再添加一些新的领悟、新的学习，让这些"什么"的面目可以更成形、被扩大，就像故事里的公主最后变成曼丝萝大娘，要离开这个春夏秋冬更迭但什么都没有改变的困境，就得抓住伦克朗，抓住他就可以拿到梯子，就可以开始攀爬。曼丝萝大娘运用自身发展出来的阳性能量拿到了梯子，找到了行动的力量。

梯子也是故事里的重要意象。梯子是一座垂直的桥，把我们从此处带到彼处，而且通常往上移动。神话里常提到人与神、人与天还未分开的时候，通常靠着梯子互通，当然，梯子也可以

降下，例如《杰克与豌豆》的故事。这种可以通天，可以上下相
连的特性，其实就是阿尼玛与阿尼姆斯的连接功能——由自我走
向自性，阿尼玛与阿尼姆斯作为桥梁，让我们通往内在的完整
之路。

　　人类在这条追寻自我完整的路途上，通常是以爱情的追求作
为精神象征，所以打开电视，我们总有看不完的爱情剧、唱不完
的小情歌，人类永远不会停止歌颂与咏叹爱情故事，因为爱情是
启动我们内在阿尼玛和阿尼姆斯的方式，一种让我们感知到它的
存在，可以为之生或者为之死的感情经历。当我们对外在某个真
实的对象产生情愫，这个对象就变成了阿尼玛或阿尼姆斯能量的
携带者，引动我们内心想要开始启程、想要投身去寻找完整自己
的渴望。

　　对于男性艺术家来说，引导自己成为真实而完整的人，那个
能量常常被称作缪思或灵魂，或者以女神的形象现身，如果他
以爱情的形式向外追求这样的女性，这个过程，其实也就是在
完成自己；对女性而言也是如此，我们对于爱情以及关系的渴
望，就是那把带着我们朝向释放自己、获得自由的方向攀爬的
梯子。

时间之外的青春

与其他童话不同,《老头伦克朗》里的落难公主不等王子来救,
自己采取行动, 逃脱这个不知道已经被禁锢多少年的地洞。公主
变成有名字的大娘, 叫作男人红, 可以抓住伦克朗老头, 拿到梯子,
与自己整合在一起。梯子是从老头那里拿来的, 象征他的阿尼姆
斯、他的阳性能量, 伦克朗老头所拥有的男性能量, 现在变成曼
丝萝妈妈的, 于是她借着梯子往上爬, 回到当初坠落之处, 虽然
还是同一个地方, 但这位公主 / 曼丝萝妈妈已经不一样了。

故事里说她老了, 变成老太婆了, 但是回到家, 国王还在,
年轻人也还在。许多神话与传奇提到天上一日人间十年, 这种错
位的时间感, 说不定公主在地底住了数十年, 地上才只过了一天,
所以回来之后, 一切如常, 公主也好像立刻年轻了。坠落, 意味
着外在处境与内在认知的巨大改变, 等到再上来时, 幡然若有体
悟, 已不是当初那位摔跤人, 但在跌倒坠落之时, 我们总难免会
问: "还来得及吗?" "真的可以改变吗?" "如果早点知道,
我的人生可能不一样, 可是现在呢?"

童话世界是乐观的, 这位成功逃脱、回家成婚、从此幸福快
乐的公主, 在我们的想象里, 还是年轻美丽的; 真实人生也未必

悲观，公主在旅程中重新找到自己，重新整合、完整的是精神层次的自己，这宛如内在世界的回春之旅，再次发现新的可能性，发现可以实践的、可以创造跟想象的，尽管或许肉身老了，但精神世界里的风景却已经完全改观。在现代，容颜与肉体的回春因为医美科技而容易许多，但生命力与创造力的丰沛与源源不绝，必须经由勇敢踏上转向内在的旅程，才能达到超越时间、永恒生命的那方。

老头非死不可

回到地上，公主派人挖掘财宝、杀死老头。精神世界里的存在不会真的被杀死，所谓的杀死，代表某个角色已经完成精神层面的阶段性任务，它已经被吸收、被融合、被转化。

老头伦克朗非死不可，他的死，象征公主有能力把他所代表的阳性能量纳为自己的一部分，也因为这样，公主才能拥有并享用他藏在地底的财宝。这些财宝代表公主在地底做了多年苦工之后，所得到的了解与领悟，公主据此设计了缜密的逃脱计划，这新长出来的女性智慧，让她可以把老头从外面偷回来、挖回来、抢回来的珍宝，变成自己可以使用的财富。有钱是一回事，变成自己可以使用的则是另外一回事。有些人调侃自己穷得只剩下钱，意思是虽然拥有资源，但是没有能力享受，老头伦克朗每天把珍宝往家里搬、堆在那里，却不会用，也就是说这些知识、这些能力、这些对自己的理解，统统都派不上用场。

当我们终于可以面对自己的黑暗、自己的阴影、自己的脆弱，终于接受阿尼玛跟阿尼姆斯的引领，往内在过去没有发展完整的异性特质走去，这整个过程与过程中的种种觉察，被自己带到意识的表层，就像是金子、银子这些财宝终于重见天日，开始为我们所用。

走这么长的内在之路，这么辛苦地面对自己，到底所谓何来？自性化历程的目的，就是拥有精神世界的金银财宝，那些精彩的知识、能力与理解，就是这些对于自己的觉知、了悟与相信，不再仰赖外面的人、事、物或成就，而是从自己的内心源源不绝搬出珍宝，从此可以真正过着幸福快乐的日子。

我们在读《老头伦克朗》的时候，一定以为伦克朗是小矮人，因为他留着长胡子，住在山洞里，其实他未必矮小，可以是高高壮壮的，但因为他的动作和行径太像，所以还是可以归在小矮人原型的脉络里来讨论。伦克朗老头代表我们内在负向的阿尼姆斯，要面对他并与之搏斗，必须先学会在生活中意识到他的存在，就像抓住老头的胡子一样，仔细聆听内在的声音。负向的阿尼姆斯

总是对自己没有信心，不管做多少事都无法累积自信，虽然也常
讲疼爱自己，但是很难认可自我价值，当他人表示对她的欣赏与
肯定时，或许没有说出口，但内在是完全无法相信他人的赞美，
总是不断自我批判与贬抑。如果女性不跟自己内在的阳性特质和
解，发展出好的互动，就会被负向阿尼姆斯附身，不但受苦于内
在负面的阳性能量的鞭打，也会不自觉地用一样的方式鞭打别人。

　　《老头伦克朗》一开场就提到传承，要用新的婚姻来取代旧
的国王，当伦克朗老头强大的男性攻击与迫害，终于被曼丝萝妈
妈识破，转化便能开始。故事最后，有场完整美满的婚姻，代表
新的时代与新的意识接位完成，能够真实拥有并好好使用珍宝的，
是这位幸福快乐的不老公主。

附 录

参考书目

· 《解读童话: 从荣格观点探索童话世界》（2016），玛丽－路意丝·冯·法兰兹，心灵工坊。

· 《荣格自传: 回忆·梦·省思》（2014），卡尔·荣格，张老师文化。

· Asper, Kathrin. (1993) *The Abandoned Child Within: On Losing and Regaining Self-Worth. Sharon Books* (Translation). Fromm International Publishing, New York.

· Greenfield, Brrbara. (1985) *The archetypal masculine; its manifestation in myth, and its significance for woman*, from The Father. pp187-210. New York University Press. NY.

· Hill, Gareth S. (1992) *Masculine and Feminine*, Shambhala Publication. Boston.

· Jung, C.G. (1990) *The Collected Works* (Bollingen Series XX), vols 9-2. AION, Transl. R. F. C. Hull, ed. H. Read, M.Fordham, G. Adler, Wm. McGuire. Princeton: Princeton.

· Jung, Emma. (1985) *Animus and Anima*, Spring Publication, Inc. Dallas, Texas.

· Neumann, Erich. (2014) *The Origins and History of Consciousness*, R. F. C. Hull (Translator) Princeton: Princeton University Press.

· Neumann, Erich. (2015) *The Great Mother: An Analysis of the Archetype*, R. F. C. Hull (Translator)Princeton: Princeton University Press.

· 《英雄之旅：个体化原则概论》（2012），莫瑞·史丹，心灵工坊。

· 《荣格人格类型》（2012），达瑞尔·夏普，心灵工坊。

· 《童话心理学：从荣格心理学看格林童话里的真实人性》（2017），河合隼雄，远流。

· 《童话的魅力：我们为什么爱上童话？从〈小红帽〉到〈美女与野兽〉》（2017），布鲁诺·贝特罕，漫游者文化。

· 《荣格心灵地图（三版）》（2017），莫瑞·史坦，立绪。

· 《格林童话：故事大师普曼献给大人与孩子的53篇隽永童话》（2015），菲力普·普曼，漫游者文化。

· 《神话的力量》（2015），乔瑟夫·坎伯，立绪。

· 《丘比德与赛姬：阴性心灵的发展（修订版）》（2014），艾瑞旭·诺伊曼，独立作家。

- 《用故事改变世界：文化脉络与故事原型》（2014），邱于芸，远流。
- 《巫婆一定得死》（2001），雪登·凯许登，张老师文化。

附 录 ②

延伸阅读

- 《英雄之旅：个体化原则概论》（2012），莫瑞·史丹，心灵工坊。
- 《荣格人格类型》（2012），达瑞尔·夏普，心灵工坊。
- 《童话心理学：从荣格心理学看格林童话里的真实人性》（2017），河合隼雄，远流。
- 《童话的魅力：我们为什么爱上童话？从〈小红帽〉到〈美女与野兽〉》（2017），布鲁诺·贝特罕，漫游者文化。
- 《荣格心灵地图（三版）》（2017），莫瑞·史坦，立绪。
- 《格林童话：故事大师普曼献给大人与孩子的 53 篇隽永童话》（2015），菲力普·普曼，漫游者文化。
- 《神话的力量》（2015），乔瑟夫·坎伯，立绪。
- 《丘比德与赛姬：阴性心灵的发展（修订版）》（2014），艾瑞旭·诺伊曼，独立作家。

- 《用故事改变世界：文化脉络与故事原型》（2014），
邱于芸，远流。
- 《巫婆一定得死》（2001），雪登·凯许登，张老师文化。